到全日本業績 Top 1

超級銷售王教您賺錢的秘密

高野孝之——著
張智淵——譯

TOP SALESMAN'S

做［頂尖業務，］不需要什麼特殊才能！

6 HABITS & 41 WORDS

八方出版

做業務，不需要什麼特殊才能！
關鍵只在於「是否知道」正確的做法。

序　言

為什麼我能夠成為外商公司的頂級業務員

世上有兩種業務員，一種非常賺錢，一種完全不賺錢。這兩種業務員的差異從何而來呢？

人家常說，「做業務要靠才能」、「做業務要靠天份」等。

實際上是有少數公司只錄用非應屆畢業，擁有卓越的才能或天份，或者十分適合做業務，擁有堅忍個性的「天生業務員」這種人，並且靠著這種人的力量，提升公司銷售額。

可是，賺錢的業務員和不賺錢的業務員之間的差異不在於此。

我曾經是銷售額掛零的糟糕業務員，現在卻搖身一變成為頂級銷售員，有數度受到公司表揚的經驗。此外，在長年的商務經驗中，我曾直接面對五萬名以上的業務員，持續研究頂級銷售員的想法和行動。

若是基於我的經驗和研究成果來說，成為頂級銷售員的人，並非具有天生的天份或才能，而是有機會學到**「用來賺錢的習慣」**，然後執行它。

無論哪種業務員，都是從零開始。沒有人天生就是生來要成為業務員的（頂多一百萬人當中，只有一人左右吧）。

普通業務員有機會看到頂級業務員的做法，或者實際受教於頂級業務員，學習「為了非常會賺錢，該怎麼做才好」。

然後，對於自己至今做過的事，謙虛地反省「不可以再這樣下去」、「現在的做法不對」。

接著，思考「我也要效仿頂級業務員的做法」，先改變自己的想法，然後基於這個想法行動。

行動「變成習慣」之後，普通業務員的商品不斷地暢銷，竄升為「非常賺錢的業務員」。

若以一句話形容「用來賺大錢的習慣」，會是什麼呢？

在回答這個問題之前，我要問各位一個小問題。

你認為業務員在賣的是什麼呢？

在賣自己的公司，對吧？

以及賣你的公司的商品，對吧？

其實，當一個業務員，是在賣另一個重要的東西。

那就是「你」本身。

業務員在賣的，除了自己的公司和商品之外，還有讓客戶說「我想跟你買」的「你」本身。

請試著思考你自己購物時的情形。除了打量商品之外，是否會說「那個人的感覺很好」，因而除了商品之外，連賣家也一併買單了呢？

回到剛才的問題，**若以一句話形容「用來賺大錢的習慣」，就是用來讓客戶說「我想買『你』」的習慣。**

如今這個時代，變化的速度變快了。

你的公司的商品或服務在三年後，或許跟現在不一樣。

說不定未來你也可能換到別家公司工作。這麼一來，也許會賣跟現在截然不同的商品或服務。

非常賺錢的業務員，即使公司、賣的商品或服務變了，也能夠賣「自己本身」，所以能夠一直是頂級銷售員。

我大學畢業後，進入外商電腦公司——日本ＩＢＭ。當時新進員工有四百名，錄取名額其中二百人是業務員，我也是其中之一。

我隸屬於開發主要企業、成長企業和創投企業等新客戶的業務部，即所謂以「上門推銷」為主的工作。

但是，做業務的第一年，業績慘澹，一開始的四個月，每天的銷售額都掛「零」。在二百名同期進公司的業務員當中，我是最後一名，而我多年的業務員生涯就此展開。

我每天孤軍奮戰，搭最後一班電車回家，周末六日也不休假地加班，但儘管如此，還是沒有斬獲。

我在內心深處煩惱：「明明是在同一家公司，賣一樣的商品、服務，為什麼只有我沒有取得成果呢？」

在這種過程中，我試著冷靜地觀察頂級業務員們，明白了他們有共通點。

那就是不只依賴自己賣的商品或服務的優點，而是將「自己本身」賣給客戶。

我將頂級業務員們實踐的想法和行動寫在自己的記事本，自己試著一一實踐，反覆驗證和研究。結果，找出了成為賺大錢的業務員的想法和行動。

這些想法和行動很簡單，任誰都能執行，是「理所當然」的事。不過，累積理所當然的事，是成為「非常賺錢的業務員」的唯一一條路。

而第三年，我的年度新客戶獲得數量是全國第一。我受到公司表揚，增添了莫大的自信。

後來，我也一面認真地思考「為了持續獲勝，該怎麼做才好」，一面觀察公司內外的頂級業務員們，研究為了成為賺大錢業務員的想法和行動。

我連續七年達成公司的目標，邁入了第八年的一月。那一天，不可思議的是，我心中沒有任何不安。因為執行幾個習慣長達七年，我得到了不動如山的自信。

業務工作的第八年，我也獲得了大幅超出目標的成果，不久之後，我晉升為業務課長，於35歲時，以（當時）日本IBM最年輕的年紀就任業務部長。

誠如上述，我執行的每一個習慣都很簡單，任誰都能執行。**不過，真正有效的專業技巧，往往很簡單，持續簡單的好習慣的人，才能夠變成不斷賺**

錢的業務員。

說到「用來變成賺錢」的業務員習慣是什麼？即是下列六個：

1. 建立和客戶之間信賴關係的習慣

2. 培育公司內部人際關係的習慣

3. 改變自己的習慣

4. 持續獲得成果的習慣

5. 投資自己，持續學習的習慣

6. 磨練說服客戶的能力的習慣

本書中，提了四十一句業務心法，作為實踐六個習慣的具體方法。請全部看完之後，務必採納自己沒有做到的事。

如果記住本書的所有習慣，直接執行的話，無論哪種業務員都會立刻變成「賺錢的業務員」。若是進一步磨練它們，應該就能變成「非常賺錢的業務員」。

當然，即使換了公司，或者賣的商品或服務改變，也能一直身為賺大錢的業務員。

這無人能及的勝利想必會妝點你的業務人生。

高野孝之

CONTENTS｜目錄

CONTENTS | 目錄

CONTENTS | 目錄

第3章
改變自己的習慣

CONTENTS 目錄

第4章

持續獲得成果的習慣

第5章 投資自己，持續學習的習慣

CONTENTS | 目錄

第6章 磨練說服力的習慣

CONTENTS | 目錄

第1章

建立讓客戶信賴的習慣

業務心法

01

學會瑣碎的專業技巧
是其次
擁有重視客戶的心情
更重要

我過去任職的日本ＩＢＭ，和許多日本企業一樣，分成負責既有客戶的業務部門和負責開發新客戶的業務部門。

我進入公司之後，一開始是隸屬於負責開發新客戶的業務部，從此持續八年都是做上門推銷的業務工作。

上門推銷的訣竅在於，從一棟大樓的頂樓到一樓，無一闕漏地拜訪。

首先，在大廳確認進駐企業的一覽表，然後搭乘電梯到頂樓。接著，從頂樓依序逐一拜訪各樓層的所有客戶。

拜訪所有進駐公司的理由很簡單。縱然只是一家，假如心裡擅自認為「這個客戶購買的可能性不高」而不拜訪，那就只是自己個人的藉口而已。

這樣想的話，因為人心很脆弱，就會覺得所有公司都「不必拜訪」，而無法拜訪許多客戶。因此，為了不驕縱自己，所以要無一例外地拜訪所有公司。

我曾經親自跑業務，調查一天能夠拜訪的客戶上限。結果發現，從早上9點到傍晚5點，扣掉午休之後合計7小時，最多是126個客戶。

不過，即使拜訪一百個客戶，頂多只能開發一個考慮購買的客戶。也就是說，就算拼命地上門推銷一整天，也只會出現一個有希望購買的客戶。

正因為是一再遭拒才開發的客戶，所以內心會自然湧現重視那個客戶的心情。

「我一定要讓這個客戶選擇我的提案，讓他開心。」我如此強烈地下定決心，製作了提案報告。

當然，找到有希望購買的客戶之後，我們才會開始進行洽商，而洽商有時候會失敗。

不，失敗反而多過於成功。

職棒中，有三成打擊率就是一流的選手，而在業務的世界中，我想，如果洽商的成功率是30%，就可說是「一流的業務」。也就是說，拜訪新客戶會以百分之一的機率進展到洽商，而洽商十次，只能獲得三個契約。

若是如此思考，就會切身感覺到和自己進行洽商的客戶多麼值得感恩、和自己簽約的客戶多麼重要。

說到「業務員的工作為何」，一是成功地開發新客戶，二是不被既有的客戶捨棄，僅止於此。

那麼，為了成為被客戶選擇的業務員，該做什麼才好呢？

有許多具體的細微專業技巧，但最重要的是，**「擁有重視客戶的心情」**這一點。

業務員如果有這種心情，化為行動，讓客戶感受到，就能建立信賴關係。

真正的業務實力在於：

如果有重視客戶的心情，就會化為行動，讓客戶感受到，才能夠建立信賴關係。

業務心法

02

仔細思考自己能做什麼傳達使命必達的意志力

我想，若是從事業務的工作，任誰一定都有被拒絕的經驗。然而重要的是，被拒絕之後該怎麼辦。

我曾經從前任業務員手中接手一個大客戶，第一次拜訪時，大客戶劈頭就對我說：「你從明天起就不必來了，我們公司不需要業務員。」

那個客戶是民營電視台E，在我隸屬的業務部，是銷售額最高、長年往來的客戶。那一天，我是懷著既期待又興奮的心情，通過E公司大樓的豪華大廳的。

但是，當我和E公司的關鍵人物交換完名片之後，他開口的第一句話卻是：「你不必再來了。」我大吃一驚，不禁問：「為什麼呢？」就此久久說不出話來。

聽到這令人意想不到的嚴峻話語，使我內心不安，我勉強恢復平靜，詳細詢問客戶原因。於是，得知E公司對我的公司感到不滿，是因為目前下單的產品要十二個月之後才會收到，趕不上正式運作。

業務員的重要工作之一是，**「在客戶需要的時期，確實地交付商品」**。我覺得E公司的不滿是「合情合理」的，馬上回辦公室向上司Y報告情況，討論對策。

當我懷著「說不定會失去大客戶」這種不安，鐵青著臉，上司Y卻對我說：**「做業務是被拒絕之後才開始，也經常從得到負面評價開始。但是如何獲得客戶的信賴才重要。」**

聽了上司Y的這一番話之後，我開始積極地心想：「做業務即使是從負面評價開始，也不能放棄。」

為了找回那個客戶的信賴，必須把要花一年的產品交期，縮短為六個月。

在那之後的兩個月左右，我參加自家公司的技術小組每週在公司內部進行的「E公司專案會議」，和專案成員研擬如何縮短交期的方案。於是發現，只要先從工廠出替代貨品，就能在六個月內交付產品。我向E公司說明能夠縮短交期的方式，成功地拾回了客戶信賴。

儘管被客戶說「你從明天起就不必來了」，身為業務員也不能就這樣垂頭喪氣地退縮。

認真地思考客戶的不滿為何、自己身為業務員，對此能做什麼很重要。而**聽取客戶的要求，以行動展現使命必達的意志，才會獲得客戶的信賴**。

縱然你還是年輕員工，能力略嫌不足，靠努力補足即可。受到客戶喜歡的業務員，未必是個人的能力，而是擁有「我想幫上客戶的忙」這種明確意志的人。

因此，如果能夠仔細思考自己為了客戶能做什麼，確實地向客戶傳達「使命必達」，就能建立和客戶之間的信賴關係。

反過來說，即使是能力再強的業務員，客戶若不抱持「這個人必定會完成」這種信賴感，就無法獲得客戶的信賴。

真正的業務實力在於：

做業務被拒絕是理所當然的。已經過了起跑點才要開始也是理所當然的。只要抱持這樣的想法，無論面對何種客戶，都能積極思考很重要。

業務心法

03

當客戶對你說「你很用功」代表客戶信賴你

對於業務員而言，最重要的是「客戶的信賴」，但這是看不見的。

不過，有個很方便的方法能夠發現「客戶信賴你」。**那就是客戶對你說：**

「你很用功。」

當有客戶對我說「你很用功」時，業務洽談百分百會成功，所以我認為這句「魔法話語」應該可以當作客戶信賴你的證據。

我第一次聽到這句話，是在我進入公司第一年的七月。當時我隸屬的業務部所負責的企業研習，是客戶公司第一線實習的一部分。客戶是世界頂級的電機廠商Y，研習內容是指導該公司約五十名操作員某系統數據輸入方式，那也是我第一次負責的重要工作。

當時，我對於電腦相關的知識只比外行人強一點，但研習對象是一群專業的操作員，我想，他們的知識比我豐富許多。但我仍製作了研習所需的操作手冊，進行了為期一週的研習課程。

對我而言，那種系統的數據輸入方法非常困難。於是，我在操作手冊中盡量不使用專業術語，而是使用簡單的白話，淺顯易懂地說明。

一週的研習結束時，Y公司的幾名女性操作員誇獎我「你很用功」，使我對自己的工作感到自信。

這我第一次站在學習該系統操作方法的客戶角度，盡量淺顯易懂地說明艱澀的內容，獲得了這種高度評價。

這對我而言，是非常寶貴的經驗。**後來，我也一心為了想聽到客戶對我說「你很用功」，而做著業務工作。**

身為業務員的我，公事包中除了公司發的手冊之外，還裝著自己手寫的手冊。在這本獨創的手冊中，針對自家公司的商品或服務，用比公司版本更淺顯易懂的說法來做說明。

此外，在洽商中向社長或董事等經營者說明時，為了讓工作繁忙的他們有效率地了解重點，我經常使用電視上的新聞節目也常用的手寫紙板。

因為紙板多以大字書寫，所以只能寫下簡短的句子。因此，包括客戶的經營課題和解決方案等內容，說明起來也就不顯得冗長，能夠精簡地說明讓客戶了解，我的這個工作方式因此深受工作繁忙的董事級客戶喜愛。

那種時候，社長或董事會對我說：「你很用功。為什麼會這麼清楚我們公司的事呢？」

客戶說「你很用功」時，是在對業務員敞開心胸，傳送「我信賴你」這種訊息。

客戶要的是，能夠從你商品或服務獲得的好處。而**把這個好處，從經營高層到第一線，皆「以客戶的角度淺顯易懂地傳達」，正是獲得客戶信賴的方法。**

真正的業務實力在於：

要下一番工夫，仔細了解客戶，淺顯易懂且簡短地傳達客戶的課題和解決方法。

業務心法

04

跟拜訪次數無關
如果客戶有
「考慮購買的動機」，
才有辦法讓客戶購買。

曾經有個業績一直原地踏步、感到挫敗的業務員問我：「請給我一個建議，告訴我現在該怎麼辦？」我回答：**「請先判斷客戶是否值得拜訪第二次」**。

至今我看過許多業務員跑去毫無希望購買的客戶身邊，浪費自己的寶貴時間。然而，數度跑去毫無希望購買的客戶身邊，也不會獲得任何成果。

老實說，從前的我也是那種業務員。

擔任業務員的第二年，我在一年內，持續拜訪B公司這個新客戶一百次以上。一年有52週，所以等於平均每週拜訪B公司兩次。

我將1億日圓的提案報告遞交給B公司。負責人感覺挺有希望，但是公司的關鍵人物卻不太感興趣。結果，我跑了一百次也簽不成合約，灰心喪志，好一陣子振作不起來。

但是，當我對B公司的業務活動以失敗收場時，我用早上、下午午休結束時，以及當天傍晚連續拜訪C公司三次，在傍晚時，就拿到了1億日圓的合約。

B公司和C公司的提案金額都是1億日圓。B公司明明在一年內拜訪一百次也簽不下合約，C公司只拜訪三次，一天內就簽到了合約。面對這個事實，我陷入沉思。

「是否拜訪次數和簽約成功之間毫無關聯呢？」

我想到了這一點。

後來，我改變一味悶著頭地跑業務，以獲得合約的這種工作形式，換成只對值得數度拜訪的客戶，重點式地進行業務活動。

因為我負責開發新客戶，所以一定會拜訪目標客戶一次。此時，一定會仔細觀察客戶，判斷「是否值得拜訪第二次」。

業務員當中，常有人重視拜訪次數。我很清楚他們想要強調自己熱情的這種心情，但是根據我長年的經驗來說，拜訪次數本身沒什麼意義，拜訪的內容很重要，這才是簽約的關鍵。

我在業務研習或業務研討會中，一定會對聽講者說：**「請在第一次拜訪時，確認客戶考慮購買的動機」**。

如果客戶沒有「考慮購買的動機」，就絕對不會出現「購買」這個結論。相反地，**如果客戶有「考慮購買的動機」，才有可能出現「購買」這個結論**。而其動機越強，簽約成功的機率越高。

舉例來說，如果你是汽車業務員，有客戶買車過了四年六個月，再六個月就繳完每個月3萬日圓的車貸，而這位客戶最近察覺到油價正在上漲。

若是整理這位客戶的「考慮購買動機」，則如下所示：

・車貸會在六個月內繳完

・想節省每個月的油錢

這位客戶可說是有「考慮購買的動機」。如果能在第一次拜訪時，確認客戶有「考慮購買的動機」，應該就會產生建立和客戶之間的信賴關係的機會。而認為值得拜訪第二次。

真正的業務實力在於：

業務活動不能依賴拜訪次數。在第一次拜訪時，就要冷靜地看清楚是否值得拜訪第二次。

業務心法

05

比起完美回答 客戶更愛 光速回應

假設身為業務員的你，受到客戶詢問，此時你會花多少時間去回答他呢？

其實，受到客戶信賴的業務員和不受客戶信賴的業務員，其分歧點就在這裡。

許多業務員往往逼自己必須「完美地回答」，花時間慢慢調查，期限快到了才回覆客戶。

但是，大部分的客戶要的不是「完美的答案」，大多只求80分左右的答案。而且如果業務員的回答速度快，即使是50分的答案，客戶也大多會滿意。

提問的客戶等待的時間越長，就會漸漸開始期待「完美的答案」。比如說，客戶等待的時間從半天、一天到一週，對於答案的「期待值」就會跟著逐漸改變。

花越多時間回答，客戶的期待就會越來越高，倘若業務員因此花在「回答」這件事的工夫變得龐大，該做的事只有一個，**就是業務員要有自行決定回答期限的意識，最重要的是，盡早回答客戶詢問。**

不過，客戶詢問的問題當中，應該也有真的需要花時間調查才能回答的。這種情況下，該怎麼做才好呢？

首先，跟客戶要比實際花的時間更多一點的時間（天數）。接著，請在接受詢問的那一天內（24小時內），先回答一次，並且最後比約定的日期更早給予回覆，這麼一來，客戶就會對於業務員的因應感到滿意，提高信賴感。

「迅速地行動」這個祕訣不僅止於詢問，遞交提案報告或報價單時，也請迅速遞交。

客戶會審視業務員的工作效率，因此，請留意凡事迅速地行動。這麼一來，你一定能夠獲得客戶的信賴。

說到這個，據說迅速地工作也對於健全當事人的精神狀態具有效果。麗塔‧艾米特（Rita Emmett）這位知名顧問在AT&T或賓士等許多全球企業，進行時間管理或壓力管理相關的演講或研討會活動，她提倡的「艾米特定律」，在商業界是有名的理論。

根據這個定律，「延後工作」會需要多一倍的時間和能量。而其原因之一就是，當事人對於完美的堅持。

基於艾米特定律，也可以得知對工作設定期限，迅速地行動的重要性。

我在業務研習中，會反覆地說：「總之，請迅速行動，這麼一來，你們會對效果感到驚訝。」我也收到許多予以執行的學員，對其效果感到驚訝的回饋。

真正的業務實力在於：

受到客戶信賴的業務員，不會讓客戶等待。要迅速地回答詢問，也要迅速地遞交提案報告或報價單。

業務心法

06

和客戶一起制定滿意度的標準然後，超越該標準

在業務的世界中常說，客戶的滿意度比什麼都重要。因為如果客戶滿意，就會繼續使用自家公司的商品或服務，之後接受業務員新提案的可能性也會提高。

其實，有一個有效的方法，能夠提升所有客戶的滿意度。

那就是和客戶一起決定「該怎麼做才能讓客戶滿意」這種「滿意的標準」。如果知道客戶的「滿意」和「不滿意」的標準，業務員接下來只要採取超過該標準的行動即可。

關於這一點，我要介紹一個小故事：

擔任業務員第二年，五月的某一天早上，我身在位於港區的辦公室大樓一樓。我在大廳確認進駐企業的一覽表，並且在傍晚5點之前拜訪了五十個新客戶。

但是，明明拜訪了約五十家公司，但我認為「有可能購買」的客戶只有一家：是我只問到負責人姓名的旅行社M。我回到辦公室，立刻打電話給M公司的負責人，於是很幸運地，約到了隔週見面的時間。

見面那一天，我登門拜訪，和負責人交換名片之後，他的職務是社長室室長，我覺得「這位八成就是關鍵人物」。

M公司是大型運輸公司的子公司，創立第三年，還算是新公司，專門進行國外旅行事業。當時，日本人國外旅遊的人次超過一千萬人而成為話題，創立不久的M公司也急速成長。

我一問之下，原來M公司一到暑假或年底，預訂行程或機票、旅館的安排、請款等業務工作量就會劇增，因為忙到人手極為不足而苦惱不已。因此，M公司試圖引進新的電腦系統，提升業務效率。

聽取之後，我知道M公司的「滿意標準」是下列這2點：

• 提升業務效率，以便能夠度過旺季

• 於年底旺季開始前的十一月運作

因此，我請M公司的人來我的公司，提出提升業務效率的提案說明，進行了電腦系統的展示。而且**好好地說明了符合上述兩個「滿意標準」的內容。**

於是，M公司的人隔週在合約書上蓋章，展開了專案啟動會議。而系統在預定運作月份的一個月前完成，M公司順利度過了年底的旺季。

M公司度過旺季之後，M公司的社長和董事們親自來向我道謝。

而且令人感恩的是，社長室室長給我同業旅行社的名單，還替我寫了介紹信。我拿著名單和介紹信跑業務，成功地開發了多達三十家國外旅行社的新客戶。

如果超過客戶的「滿意標準」，客戶的滿意度就會提升。為了做到這一點，和客戶一起制定該標準很重要，業務員要努力超過該標準。

真正的業務實力在於：

制定客戶滿意的標準，業務員依照這個標準行動很重要。

業務心法

07

在傾聽客戶說話時逐漸掌握課題或問題成因

業績不振的業務員往往劈頭就開始向客戶說明商品。我認為，這個行動其實是業績停滯不前的原因。

業務員該做的第一件事是，仔細聆聽客戶的課題或問題。然後，選擇可以解決客戶課題或問題的商品，並進行該商品的說明即可。

舉例來說，假設你因為發了38度的高燒而前往醫院。醫生卻不好好聽你訴說症狀，也沒做任何檢查，就說：「我開感冒藥給你。服藥之後，靜養一陣子應該就會痊癒。」你做何感想？八成會心想「這個醫生可靠嗎？」而感到不安，無法信賴那間醫院和醫生。

業務的工作也是一樣，不可以不好好聽客戶的情況，就開始說明商品或服務。

客戶的課題或問題背後一定有它的原因，若不明白這個原因，就無法提出最適合的商品或服務。不好好聽客戶說明就提出的商品或服務，不會是真正解決客戶的課題或問題的方法。

賣給客戶不需要的東西，就是差勁的業務員，而且客戶不會信賴這種業務員。縱然幸運賣出一次，也會失去第二次之後更大的洽商機會，造成無可挽回的局面。

話雖如此，大部分的案例是，儘管客戶本身知道自家公司的問題或課題，但是不清楚引發它的原因。

因此，業務員在傾聽客戶說話之時，不是默默地聽客戶說就好，請留意要準確地發問，在傾聽的過程中，逐漸掌握課題或問題的原因。

舉例來說，就前述的旅行社M的案例而言，在傾聽客戶說話的過程當中，能夠看出M公司業務在旺季超載的原因是：沒有統一管理預訂業務、行程安排業務、請款業務這三個主要業務。因為沒有統一管理，所以M公司的員工在處理客戶資訊上，做了非常多白工。

如果能夠從和客戶之間的對話中，發現課題或問題的原因，提出化解問題的商品或服務，客戶就不會否定那個解決方案，於是你提出的商品或服務就能夠暢銷。

不過，身為業務員，有一件希望你留意的事，**那就是提出用來使客戶勾勒的「未來」成形的商品或服務。**如果和客戶一起描繪出「藍圖」，客戶就會朝實現自家公司的藍圖為目標，認真地去傾聽你說的話。

個人客戶的情況也是一樣，如果能夠提出實現客戶的要求或將來夢想的商品、服務，客戶就會非常渴望你提出的商品、服務。

真正的業務實力在於：

業務員必須提出客戶的課題、問題的解決方案，而該提案必須實現客戶勾勒的藍圖。

業務心法

08

與社長見面 進攻組織高層

我在法人業務研習的場合中，一定會說的話之一是**「請去見公司客戶的社長」**。

任何洽商中，一定有人握有決定權，而握有公司最高決定權的人是社長。因此，如果能見到社長，洽商成功的機率就會大幅提高。

實際上，相當多業務員猶豫要不要見社長。其原因是業務員在自己心中築起了一道「牆」。

但是實際上，相當多的案例是社長希望業務員來積極地接觸或提案的。

我年輕擔任業務員時，也對於見年紀足以當我父母的社長感到畏怯。可是，我曾有一次直接和某位社長洽商時，那位社長在短時間之內就下了結論，令我深感見社長的重要性。

我開發新客戶時，曾拜訪過一次食品銷售業的R外商公司。某一個星期一的早上，我想訪問他們的社長，於是打電話過去要求預約會面，運氣好地約到見面的時間，在那一週的星期三，見到了社長。

R公司的所在地是東京都港區西麻布，年營業額2億日圓、繼續營業部門稅前純益[1] 5千萬日圓的超級優良企業（R公司後來股票上市了）。

我見到的社長是一位直爽的人，我問他「有沒有什麼困擾的事呢？」，他坦率地告訴我R公司目前的課題。原來那位社長最近也發覺到自家公司在業務上的課題，應是想找業務員商量一下。

幸好那個時期，我向有類似課題的另一個客戶提出了提案報告。因此，我能夠當場將客戶的課題和原因，以及解決方案寫在白板上，向社長說明。

1. 會計財報用語，日文原文為「経常利益」，繼續營業部門稅前純益＝營業利益＋營業外收入合計－營業外支出合計。

見面的一週後，我花兩小時進行了提案報告的說明和最新業務系統的展示。隔天早上，當我拜訪R公司，社長就在合約書上蓋了章。

從和R公司的社長見面到合約成立，只過了一週。

如同我一開始說的，經營公司的想法是由社長決定。縱使有常務董事會等其他決策機關，大多還是由社長進行最終裁決。

因此，雖然各行各業情況不同，但如果在業務活動初期的時間點，就能夠見到社長，進行洽商，在短期間內成功簽約的可能性就會提高。

許多業務員大多是從組織的底層跑業務，讓基層人員將提案報告上呈至客戶公司內部的最終裁決者——社長，最後進行簽約。也許大部分的人都是採取這種做法，但有時候也請不要害怕，試試從高層開始進攻的這種做法。

如果和社長有一面之緣，即使有競爭者的情況下，經常社長也會想起你的臉，而使你處於優勢。此外，如果和社長有一面之緣，和該公司的其他人見面進行業務工作時，也會讓洽商進展順利、能夠提案的範圍變廣，進而提高其它洽商案件成功簽約的可能性。

若是你不怕見站在「社長」這個位置的人，就代表你能拆除自己築起的心牆，見董事或部長相對之下也沒什麼好怕的，因此在業務工作中，能夠自然地加廣、加深和客戶之間的信賴關係。

真正的業務實力在於：

要養成不怕見高層的習慣。透過見高層和第一線的負責人，能夠加廣、加深和企業客戶之間的信賴關係。

第2章

養成
和公司同事
打好人際關係
的習慣

業務心法

09

別人的建議會減輕自己的負擔，使自己輕鬆

我總覺得交出漂亮成績單的業務員，大多是謙虛而坦率的人。**越優秀的業務員，越會傾聽別人的意見，能夠採納對方的優點，修正自己的缺點。**

我們往往在自己沒有意識到的過程中，把「自我」放大了。自我一旦被放大，我們經常就會執著於自己的意志或想法，不去傾聽別人說話。

一旦「自我」變得太強，甚至可能妨礙自己的成長，所以一定要注意。

其實，當我還是新人時，也是這樣的。

擔任業務員的第一年，剛開始的四個月，我的銷售額全都掛蛋。在同期進公司的兩百名左右的新手業務員中，是墊底的。

上司和資深業務前輩看到我這樣，幾乎每天建議我「這樣做比較好」。可是，我總是意氣用事心想：「我要憑自己的實力爭一口氣！」聽不進上司或資深業務前輩的建議。當時，就是因為我的「自我」太強，無法傾聽別人的話，妨礙了自己的成長。

這時候，資深業務前輩A的一句話，改變了這樣的我。

「高野，工作的意思是『使旁人輕鬆』。」

這句話簡直就是對我的當頭棒喝。

「使旁人輕鬆」的「旁人」是指，家人、夥伴等自己身旁的人們。若是在公司，則是上司、資深員工、同事、後進等公司內部的人們。工作是指，使公司內部的人們輕鬆，減輕他們的負擔。

我因此發覺到：「如果想使旁人輕鬆，是否就要傾聽身邊的人的意見，虛心求教，藉此如何學會工作呢？」

不只是新人時如此。我們一旦累積工作經驗，有所成績之後，就會漸漸地產生自信，擁有身為業務員的驕傲。

可是，這種「驕傲」經常會變成「傲慢」。於是，在自己也沒有意識到的時候，放大了「自我」，執著於自己的意志或想法，不再傾聽別人的話。

擁有身為業務員的「驕傲」很重要，但若它變成「傲慢」，就會以錯誤的形式，陷入「堅持自我」這種惡性循環，導致自己停止成長。

換句話說，當中堅業務員的業績突然變得停滯不前時，就是一種危險訊號。因為這種半吊子的自尊心隔絕自己與身邊的人，無法採納別人的建議，於是陷入了最糟的狀態。

為了避免這樣，**業務員平常聽到上司或資深業務前輩給予「這樣做比較好」的意見時，心想「別人的建議會減輕自己的負擔，使自己輕鬆」，這樣正面地看待很重要。**這麼一來，也就能發覺自己的缺點，予以修正。此外，還能學習新的業務技巧。更有甚者，公司內部的人際關係也會自然地變好。

客觀地檢視自己，傾聽別人的意見，先採納再謙虛地修正自己的缺點，會使你成長。

真正的業務實力在於：

要傾聽公司同事的意見，先予以採納。這樣才能成長，也能在公司內部建立良好的人際關係。

業務心法

10

在人家口中的雜務工作中獲益匪淺

「當我們草率做事情時，才會產生雜務。」

據說這是日本最知名的修女——渡邊和子（Notre Dame 清心學園理事長）的名言，從前一位資深業務前輩告訴我的。

渡邊修女年輕時，有一段時間在位於美國波士頓郊外的修道院當修女實習生。她每天在禮拜堂祈禱之後，心無旁鶩地打掃或洗衣服，到了用餐時間，就將一百三十個人的盤子擺放在餐桌上，一味地做著這種單純的工作。

有一天，修道院院長站在渡邊修女身後，突然問她：

「妳是一邊想什麼，一邊擺盤子呢？」

渡邊修女立刻回答：

「什麼也沒想。」

於是，修道院院長說：

「一樣是擺盤子，如果一面替吃晚餐的人們祈禱，一面擺盤子怎麼樣？」」渡邊修女聽到這句話，於是學到了「這個世上沒有雜務這種東西」這個重要哲學。

經常被要求業績的業務員，因為過度追求數字，往往將單純的庶務工作說成「雜務」，感到厭惡，但**乍看是雜務的工作，大多具有重大的意義**。

這是我隸屬於業務部，進公司第一年的事。我上午8點到公司上班，每天早上用抹布擦五十名左右資深業務前輩的辦公桌。這只是單純的工作，但我心想「要對職場有幫助」，和同期進公司的夥伴討論，一起進行這件事。

如果腦袋放空地擦資深業務前輩的辦公桌，就只是雜務。可是，如果一面擦，一面觀察前輩的辦公桌，就會變成可以學到很多的工作。

我察覺到業務部頂級業務員和非頂級業務員的人的辦公桌，有很大的不同。頂級業務員的辦公桌上沒有東西，整理得乾乾淨淨。資料確實地歸檔，收進抽屜裡。因此，他們早上一到公司上班，就能坐在乾淨的辦公桌，馬上開始著手於工作。

但是，辦公桌上雜亂的人早上一到公司上班，就要從整理桌面或尋找需要的資料開始，所以工作的產能變低，當然這也會顯現在業績上。

業務員要寫業務日誌，有不少人認為這是雜務。可是，**業務日誌正是和上司之間最有效的溝通工具。**

若是透過業務日誌，簡單明瞭地告訴上司自己手上的案件的進度狀況或問題點，上司就會覺得「你很努力」，對你的工作困境表示諒解，甚至伸出援手。

也常有業務員認為報告、聯絡、討論是雜事。

但是，平常越確實做這三件事的業務員，當工作上遇到令人困擾的問題，或者想要點子時，就會**透過報告、聯絡、討論，巧妙地借用上司的力量，克服難關**。

此外，上司對於這類把日誌或報告、聯絡、討論不視為雜事，而當作有意義的工作，做得確實的業務員，會覺得「這個屬下信賴自己」而重視他，這個屬下就會獲得上司協助、提拔。

真正的業務實力在於：

日誌或報告、聯絡、討論不是雜事。若是確實地做，就會成為和上司之間最有效的溝通工具。

業務心法

11

以自己的強項
幫助別人的弱項
讓別人以他的強項，
來補強自己的弱項

人們常說「績效是業務的一切」，如果不是提升銷售額、替公司帶來利益的業務員，就不會受到公司重視。許多業務員因為這樣，認定「我是孤獨的，公司內部的人都是競爭對手。若是鬆懈，就會被他們搶得先機。」而對公司內部的人們抱持戒心。

然而，業務並不是一個孤獨的工作，斷定公司內部的人全都是競爭對手也是錯的。

至今我見過超過五萬個業務員，**越是能幹的業務員，就越會跟公司內部的同事打好人際關係，並且經常借用他們的力量。**

因為能幹的人會請上司、資深員工、同事或後進等公司內部人員來教導、幫助自己，或者透過學習，提升自己的成長速度，以獲得成績。

舉例來說，當你有好幾個洽商的時間重疊，或者當你生病時，如果上司、資深前輩、同事或後進不出手相助，是無法克服難關的。

上司或資深前輩，應該會是你特別容易信賴的人沒錯。也許你會將許多同事或後進視為競爭對手，很難信賴他們，然而，同事或後進也不只是競爭對手，他們也可以成為你能夠依賴的人。

同事或後進擁有各自的「強項」。若是仔細觀察他們，應該會發現下列等許多強項：

- 再怎麼忙的時候，也會陪你討論
- 對工作的專注力高，也擅長切換工作、下班
- 勇於挑戰新的事情，不斷累積經驗

若是事先知道同事或後進的強項，自己有困難時，就會馬上想到適合的幫手，像是「這件事拜託同事A吧」、「這件事請後進B幫忙吧」這樣。

說到這個，為了請別人幫忙以外，平常留意去幫助別人很重要。人有強項，相對地也有弱項。**如果能夠以你的強項幫忙別人的弱項，請務必積極地伸出援手。**

比如說，同事C在開發潛在客戶進展不順利時，跟他分享你正在實踐的開發客戶祕訣。此外，如果後進D不擅長因應客訴問題，就教他因應客訴的訣竅吧。

若從上司或資深員工的立場來看，會給予不遺餘力地協助同事或後進的屬下或後進，「他是個會照顧別人的人」、「他是個體貼的人」等評價。

這麼一來，上司、資深前輩、同事或後進等公司內部的人們會信賴你，公司內部的人際關係自然變得良好。

當然，積極地協助上司或資深前輩，也會改善和他們之間的人際關係。你有困難的時候，公司內部的人應該會積極地伸出援手來幫助你。

真正的業務實力在於：

做業務的，獲得業績成果雖然很重要，但是到了下一季，成果就會歸零。但是公司內部的人際關係到了下一季，也不會歸零。

業務心法

12

上司提出無理的要求是想教你正確的工作心法

工作中，和上司合不合得來非常重要。應該有許多公司只要求業務員背負個人的業績目標，達成即可，但是和上司合不合得來，會對業務員的成績造成相當大的影響。

若你和跟隨的上司合得來，應該能在職場中毫無壓力地面對工作。相對地，假如運氣不佳，跟隨合不來的上司，或許就會在職場中倍感壓力，使工作出現負面影響。

但是，即使覺得「和上司合不來」，**如果先坦然地聽上司說，試圖理解上司的想法，應該就可以從經由長年的經驗鍛鍊、身經百戰的上司身上學到很多。**

其實，當我是第一線的業務員時，也曾跟隨過讓我覺得「難搞」的上司。

當我結束一整天的業務活動，回到公司向上司課長K報告那天的工作成果時，課長K卻總是打斷我的話，提出疑問或要求。我特別討厭的是，他老是說「按照客戶說的話說」，要求我修正發言。

我常不甘心地心想：「為什麼不聽我說完……」、「為什麼不相信我的話……」。

然而，長期和課長K相處的過程中，我明白了他那麼說的原因。這是因為我的說明方式不夠清楚，所以讓不在洽商現場的課長K不曉得客戶的實際情況。

為了確實地了解事實，給予屬下正確的建議，因此讓身為屬下的我原原本本地複述一次客戶說的話，是用來了解客戶真實情況的最好方法。

我和課長K之間，還有另外一個故事。

ＩＢＭ的業務員的主要工作是掌握企業客戶的經營課題，向客戶的高階經理說明使用電腦系統的解決方案。

為了掌握客戶的經營課題，舉例來說，若我是廠商，就會聽取設計、製造、調度、採購、業務、會計、經營企劃等各部門的業務內容和課題，然後量身打造解決方案。

這是我製作某客戶Ｔ公司的提案報告時的事。我沒有去看Ｔ公司第一線的狀況，而剪貼修改其他業務員針對同業客戶所製作的提案報告，編輯成我針對Ｔ公司現況的提案報告，給課長Ｋ看。

當時，許多業務部的資深業務前輩或同期的業務員，都會對同一個行業使用同一種提案報告。因為業務員白天一直在外面跑業務，只有下午6點之後回公司的有限時間才能寫提案報告，實在沒有時間針對每一家公司從頭開始製作提案報告。因此，所有人都採取這種有效率且產能高的方法。

但是，課長K看到我的提案報告，卻火冒三丈地怒斥我：「不可以做這種事！」

後來，課長K和我一同數度前往T公司拜訪，一起聽取業務內容和課題。託他的福，我才能找出T公司獨特的課題，向T公司提出最佳的解決方案。

課長K讓我學到了「和客戶一起打造解決方案」這個業務的基本態度。

當時，我還是菜鳥業務員，知識和經驗都還不足。儘管如此，卻認定「做業務重要的是產能和效率」，直接省略親臨客戶的第一線，傾聽客戶需求這個必要的步驟，製作了偷懶的提案報告。

課長K刻意嚴格地指導我，應該是想讓我察覺到這個錯誤。

此外，我和課長K一起處理T公司的案件，吸收了業務的各種專業技巧。

舉例來說，製作提案報告時，開頭會寫下以「敬啟，謹祝貴公司事業蒸蒸日上……」這種招呼語開始的制式「開頭文」。當時，幾乎業務部的所有人都對所有客戶使用一樣的制式「開頭文」。

所以，我也直接在提案報告的開頭寫下這句制式開頭文，給課長K看。但是，課長K指示我「重寫」。

我不知所措地心想：「大家都這麼做，為什麼只有我得重寫？」推測課長K是不是要我將千篇一律的開頭文改成針對T公司的句子，於是轉換心情，重新撰寫成針對T公司的句子。

課長K看到我重寫的開頭文，馬上就通過了。我一問原因，課長K說：

「如同你寫的，如果在『開頭文』寫下客戶的課題和解決方案的重點，客戶應該就會想要進一步了解提案報告的內容，看到最後。」

課長K為何唯獨不許我按照大家的做法，而指導真正正確的方法呢？他八成是擔心在業務部中年紀最輕的我，完全不曉得正確的洽商進行方式和提案報告的寫法，只先學會了偷懶。

當時，我也曾經心想「這人提出的要求真無理」，內心感到焦躁，但是後來，我十分感謝長年經驗鍛鍊、身經百戰的課長K把跑業務的方法直接傳授給我。

真正的業務實力在於：

從業務經驗豐富、身經百戰的上司身上，能夠學到很多。不要認為上司「提出無理的要求」，而是試著坦然傾聽、理解他的想法。

業務心法

13

業務的根基
在洽商案件的分類

業務這份工作，少不了業績目標，而無法達成目標數字的業務員會被公司降低評價。

許多業務員為了避免這種情況發生，都想先達成眼前的業績數字再說，因此只意識到要提升眼前的數字，容易採取應付一時的行動。

舉例來說，如果公司提出「一個月內達成這個數字」這種業績目標，達不到目標的業務員就只會在意那個月的數字。

因而心想「這個月才賣這樣，怎麼辦……」太過心急，在客戶的公司試圖強行帶話題而失敗，或者採取只能應付一時的銷售方式，而減損了客戶的信賴。

相反地，能幹的業務員會從「如果努力的話，一定能夠執行的事」開始腳踏實地地進行，比如像是上門推銷件數、電話行銷件數、報價單件數、提案報告件數這些地方，在意眼前的業績數字之前，先腳踏實地地進行「一定能夠執行的事」，對於持續成功非常重要。

上門推銷件數、電話行銷件數、報價單件數、提案報告件數，顯然是產生洽商案件的根基。如果這個根基不穩固，有希望購買的客戶就不會增加，而無法獲得合約或銷售額。

儘管如此，許多業務員太過重視成果，輕忽打造業務的根基，老是以合約和銷售額相關的事為優先，你是否也曾經一、兩次這麼做過呢？

為了確實地達成「一定能夠執行的事」，最好以一週為單位設定目標，像是一週內做10件電話行銷、2份報價單、1份提案報告，擬定行動計劃。

業務員的一週行事曆範例如下：

週一　以1件10分鐘的速度，確認所有本週要拜訪的客戶網頁資訊

週二　製作2份報價單、1份提案報告

週三　和10個新客戶預約見面

週四　回顧這一週，了解無法執行的原因並打造解決方案

週五　製作下一週的行事曆，決定和客戶及公司內部支援部門開會的時間

如果採取以一週為單位的預定行程和目標這種形式，將業務的工作化為例行公事，形成行動的軸心，就能穩健地打造業務的根基，使銷售額成長。

不過，即使確實地打好基礎，有時候也無法達成銷售額預測值。這種情況下，請將自己著手的洽商案件分成下列三類，向上司或小組成員說明狀

況：

①沒有阻礙銷售額成長原因的洽商案件

②釐清阻礙銷售額成長的原因，有解決方法的洽商案件

③阻礙銷售額成長的原因不明，尚未決定解決方法的洽商案件

讓他們了解這三點，如果你努力確實地獲得①的案件，確實地執行②的解決方案，不放棄摸索解決③的方法，無論結果如何，上司和小組成員應該都會接受。

真正的業務實力在於：

根基打好之後，銷售額才會隨之而來。以一週為單位，設定自己的預定行程和目標，切實執行。

業務心法

14

交年紀比自己小的朋友建立未來的人際關係

職。

我年近40時，前往位於美國紐約州的ＩＢＭ總公司的企業策略部門就職的一個月前，我被負責人事的董事S叫去，接受調令，他告訴了我在外派期間的重點，是下列三點：

- 住在美國工作，要親身感受、學習異國文化
- 若在國外生活，也可能遇到車禍等危險的事，所以要平安回國
- 在ＩＢＭ總公司，要交年紀比自己小的朋友

這是董事S在外派期間，自己學到的事，據說他一定也會轉告被公司決定外派的員工。

我對於重點三感到奇怪，於是當場請教董事S。

「為什麼要交年紀比自己小的朋友呢？」

董事S的回答非常簡單。

「請你想一想，你今後還要在公司工作二十年以上。如今，50多歲的董事雖然在做權限大、責任也大的工作，但是十年後會如何？八成很可能退休了。那樣的話，**如果在IBM總公司交和你同年或比你年紀小的朋友，就會有對你的將來有幫助。**」

我深感同意，遵守董事S的建議，在任職於美國總公司一年多的期間內，交了許多朋友。回到日本之後，我也持續和他們跨海交流，在工作上獲得了莫大的幫助（附帶一提的是，如今從IBM離職，我仍和他們很親密）。

後來，我在IBM也實踐了董事S的建議，在日本也留意要交年紀比自己小的朋友。

用來在公司交「年紀比自己小的朋友」的祕訣是，不要以高高在上的目光看待年紀比自己小的人。雖然在組織中，他們是屬下，所以會對他們下工作上的指示，或者教育他們，但是我隨時認為**「身為人，自己和他們是對等的」**。

我為了避免自己以高高在上的目光看人，在公司內部完全不會使用「屬下」這兩個字，總是以「成員」稱呼他們。

後來，我先後成為ＩＢＭ的五個事業部門的負責人，經歷許多事業部門，得以和幾萬名公司內外、年紀比我小的人共事，從他們身上學到了很多。

如今，許多當時親密、年紀比我小的朋友現在站在肩負起重責大任，被交付重要的工作的地位。和他們見面，聽一聽他們的活躍情形不但令人愉快，而且從ＩＢＭ離職後，我和幾名年輕朋友創立多家公司，依舊享受著工作的樂趣。

由於業務這份工作大多是讓個人背負業績目標，因此業務員容易認為

「必須靠自己一個人的力量，設法達成業績目標」，即使偶爾仰賴上司或資深業務前輩，但是應該不會依賴後進。

但實際上，我們能夠從後進的年輕感性之中學到很多，而且對於新的技術或商務模式的知識，年輕人經常比較強。此外，將來年老體衰，如果能夠獲得後進的幫助，應該也比較放心。

這就是我長期一直做業務的工作的祕訣。

真正的業務實力在於：

交年紀比自己小的朋友，建立起未來的關係，幫助將來的自己。

業務心法

15

事先記住高自己兩個層級的人擁有的權限和資訊

各位對於「上司的上司」，抱持怎樣的印象呢？舉例來說，假設你是業務課的主任，一般而言，直屬的上司是業務課長，上司的上司應該是業務部長。我想，大多的案例是業務課長有五至六名屬下，業務部長底下有兩至三名業務課長。

說不定如果可以的話，你不太想和部長扯上關係，覺得部長是不同人種而想避開他？

在此，我想針對上司的上司這一點，說兩件事。

第一件事是，上司的上司是評價自己的人。

其實在大多數的情況下，決定你的評價、晉升或調動的人，不是直屬的上司，大多是由上司的上司進行。

一般而言，人事評價的架構是兩階段評價。首先，直屬的上司評價你，而直屬的上司的上司會決定你的最終評價。

許多企業之所以採用兩階段評價，是因為光由一名經理決定屬下的評價，會太主觀，或者評價受到好惡影響，恐怕無法做到公平的人事評價。

人事晉升的情況下，是由直屬的上司推薦，再由上司的上司進行人事決策。任何一家公司都有公司內部晉升的框架，透過上司的上司和其他部門協調的過程中，決定是否讓你晉升。

職務調動的情況下，也和晉升類似，是由直屬的上司推薦，再由上司的上司進行調動的決定。

我想，你了解了上司的上司對於評價、晉升、調動等自己的人事，也扮演著重要的角色。向直屬的上司表現自我自是不在話下，能幹的員工也不會疏於向上司的上司表現自我。

說到這個，日本的客戶重視「頭銜」。如果頭銜高的業務負責人出面，客戶的滿意度往往也會提升。因此，業務員前往客戶的公司時，若是帶著符合見面對象的頭銜的人一同前往，會很有效果。

舉例來說，對方有部長或董事這種相當高的頭銜的情況下，最好請求上司的上司——業務部長，或更高一個層級的董事同行。

客戶要求「請讓我和貴公司的業務部長見面」這種案例也很多，但即使沒有這種要求，儘量讓我方的頭銜配合對方的頭銜，業務往往會順利地進行。

請求上司的上司同行的情況下，要簡潔地彙整、傳達下列事項：

- 拜訪的目的

・客戶的資訊
・目前為止的交易成績
・目前正在提案的洽商內容

這時，上司的上司也會判斷身為業務員的你的能力。因此，**如果準備周全，就能獲得高度評價，成為能夠充分展現自己的成績和能力的機會。**若是獲得上司的上司認同，也會拓展你將來的資歷。

第二件事是，從上司的上司身上學習。

上司的上司能夠針對自家公司的經營，訴說策略或戰術等大方向，因為這些部長以上的經營幹部都參與了制定自家公司的策略或戰術。

公司的經營幹部會了解整個市場，鎖定目標，了解客戶的特性，然後決定業務方法，此時，還會決定市場調查、廣告宣傳、促銷活動、拓展銷售通路等各種策略、戰術。透過這些事情，來決定公司的未來方向。

而如果上司的上司告訴你策略或戰術等經營層級的資訊，身為業務員的你就能夠清楚看見如今該做什麼、將來該怎麼做。

業務員每天工作，都在想方設法達成眼前公司給予的業績目標，但有時候是否也會心想「為什麼我得做這種事？」，而對於一味地持續追逐眼前的業績數字，感到疑惑或不安呢？

此外，業務員基於「靠客戶賞飯吃」這種工作的性質，勢必會被當場的狀況牽著鼻子走，這樣去推展每天的業務。於是，有時候會迷失自我，或者造成行動的軸心動搖，陷入「不曉得自己在做什麼」這種精神狀態。

為了避免這種情況發生，**如果能知道公司的經營層級的資訊，對照它，**

了解自己如今該做什麼，就能穩固自己的重心，應該也會消除疑惑或不安。

觀賞足球比賽時，看到的景色會依坐的位置而改變。若在觀眾席上層觀賽，就能清楚看見比賽進行或選手的相對位置，相反地，若在最前面的第一排觀賽，就能盯著選手們在足球場上劇烈地互相碰撞的情況。

業務的工作類似坐在最前面的第一排觀賽的形式，眼前會看見客戶或其他競爭公司的情況。

可是，光是如此，仍不曉得整個比賽的狀況。**因此如同坐在觀眾席上層觀賞比賽一樣，獲得經營層級的資訊，俯瞰業界、市場，或自家公司在其中的立場也很重要。**

真正的業務實力在於：

向高自己兩個層級的人表現自我，獲得評價的同時，從他們口中打聽公司的大方向，了解自己該做的事、自己該盡的職責。

第3章

改變自己的習慣

業務心法

16

將上司的評價結果作為自己成長的指南針

「現在的上司沒有給予我正確的評價。我明明這麼努力，也貢獻良多，為什麼……？」

我在業務研習或研討會等場合中，經常聽到這種煩惱。我想，有許多人無法接受上司給予的評價，而心懷不甘。

我對此回應：「不可以太拘泥於上司的評價結果。」

因為若是太拘泥於評價結果，內心就會沒有餘力思考自己該改善什麼才好、必須提升哪種技能或能力等事情。

站在評價這一方的上司，具有下列的目的和職責：

「提高屬下對於現在工作的滿意度，協助他提升能力。」

「順暢地和屬下溝通想法，促進雙方互相理解。」

「改善屬下的缺點，討論為了提升優點，該做什麼。」

也就是說，上司的重大工作是使身為屬下的你成長。

因此，對於身為屬下的你而言，重要的是**試著先接受上司的評價結果，請教上司「為了讓自己能夠成長，需要什麼」**。

接著，客觀地檢視自己，將上司給的建議作為往好的方向改變的力量。

如何活用上司的評價，關乎是否能使自己進一步成長。

我在強化員工的業務能力的研習或諮詢中，教過**「變成能幹的業務員的三個步驟」**這種上司和屬下之間的溝通方法。這是我基於ＩＢＭ的評價制度所發明的方法，非常有效。

這三個步驟的特色是你能夠和上司分享目標，為了達成該目標，能夠使你本身成長。請務必試看看。

〈步驟1〉是設定你要在一年內達成的目標。若以下列六點思考，能夠設定上司和你雙方都能接受的目標。

- 能否理解你的部門的目標？
- 用來達成你的部門的目標，你的職責為何？
- 在進行工作時，你必須肩負哪種責任？
- 你若以什麼為目標，能夠對部門的目標有所貢獻？
- 你必須和誰進行團隊合作？
- 你是否替工作的難易度和重要度排了順序？

〈步驟2〉是針對目標的進展狀況，以三個月（一季）為單位，和上司

一起確認下列三點：

- 是否確認了目標的進展狀況？
- 為了達成目標的改善項目為何？
- 能否確認已執行的改善項目的效果？

〈步驟3〉是過了一年之後，確認目標的達成度和評價結果。

- 是否進行了目標的達成度、技術能力的活用度、自行評價對部門的貢獻度？
- 能否確認上司的評價？
- 是否針對改善項目，和上司討論，研擬了具體的對策？

真正的業務實力在於：

要針對自己設定的目標、其進展狀況和成果，跟上司討論。面對眼前的評價也不被拘泥，能夠發現自己的課題、成長。

業務心法

17

設定超過公司目標的個人目標

業務員最強烈地感覺到工作成就感的瞬間，應該是達成業績目標時。

達成業績目標的案例，分成下列①～③的類型，你認為業務員為了成長，哪個最有效呢？

①達成公司給予的業績目標時

②為自己設定了很高的業績目標，但是無法達成時（達成了公司的目標）

③為自己設定了很高的業績目標且達成時。

達成目標的業務員經常歡天喜地，就不再回顧自己。所以，①和③雖然能夠獲得成就感，但是可能無法使自己成長。因此，對於自己的成長最有效的是②。

我至今看過的許多一流業務員，都是藉由設定超過公司目標的個人目標，晉身成為頂級業務員。

在我身為第一線業務員的八年內，每年也把比公司給予的目標還要高一倍的目標，設定為自己的個人目標。我心想：「如果沒達成公司目標的兩倍左右，自己就無法成長」，刻意設定了很高的個人目標。

我在八年內連續達成了公司目標，但很遺憾，我只有三年達成了比它高一倍的個人目標。其餘五年沒達成。

不過，藉由設定、挑戰兩倍高的個人目標，我在沒達成的年度，能夠心想「之所以無法達成，是不是因為自己缺少了什麼呢？」這樣回顧自己，化作將自己往好的方向改變的經驗。

為了成為一流的業務員，下列三個能力必須很高。

①責任——自覺到自己肩負的責任，率先致力於工作，亦適當地因應風險，進行工作。

②理解、判斷——理解問題的原因，進行正確的判斷。

③專業性——努力學習、提升新的知識、技能，發揮工作所需的專業性，進行工作。

業務員持續磨練這三個能力，避免它們變得陳腐。

可是，光是磨練這三個能力還不夠，必須進行「④變革、挑戰」這個努力。下了這番工夫，努力使這三個能力提升至更高的層次，才能讓自己更上一層樓。

舉例來說，我將公司目標的兩倍銷售額設定為個人目標的努力，就屬於一種。刻意致力於處理困難的工作，進行創新發想，或者故意置身於若不採取革新的方法，就無法達成目標這種狀況。

若是把目標設定為公司目標的兩倍，就必須將有希望購買的潛在客戶增加至平常的兩倍以上，或者將向客戶提案的時間縮短為二分之一以下等。**為了實現這個目標，不可能繼續沿用之前例行公事型的做法，必須找出革新的方法，一面在錯誤中摸索，一面實踐。**

應該會失敗許多次，但是能夠從失敗中學到很多，所以能夠獲得新的發想或革新的方法。

真正的業務實力在於：

只是反覆做每天的例行公事，是無法向上一階邁進的。要刻意挑戰困難的工作，讓自己升級。

業務心法

18

把「打招呼和道謝」、「第一印象」、「推薦客戶最適合的商品」，做到完美

自古以來在日本的茶道或武道的世界中，有一個叫做「守破離」的教誨。

「守破離」是在說明「窮究道的方法」。首先，是忠實地「遵守」師父或流派的形式。如果能夠做到這一點，接著是創造適合自己的特性、更佳的形式，「破除」既有的形式。最後，也不受限於自己創造的形式，隨心所欲，「離開」形式，創造新的世界。

我認為守破離是適用於所有工作的想法。

當然自己從成功、失敗中學習，這種經驗也很珍貴，但要靠親身體驗學會所有的業務專業技巧是不可能的事。

年輕人若想在短期間內窮究業務的工作，首先，「試著模仿」頂級業務員在做的事很重要。

不可以說「我的自尊心不允許……」這種庸俗的話。做業務比起自尊心，成果更重要。

除了觀察之外，實際拜託業務員讓自己同行也非常有所助益。

頂級業務員從獲得新客戶的訣竅、過去的失敗體驗，乃至於其他競爭公司相關的即時資訊，擁有各種有益的資訊。根據我的經驗，成績越接近第一名的業務員，如果拜託他，他越肯對公司內部的人傾囊相授。

從頂級業務員身上學習，自己想執行的事，最好一定要寫在筆記本上。對方好不容易可以教自己，若不記錄下來就一定會忘記。

一開始執行三件左右就行了。因為一次能夠執行的事頂多是三件左右。最好採取「完全掌握這三件之後，再執行新的三件」這種方法。

如果有人對我說「請列舉三個頂級業務員的共通點」，我會列舉下列三點：

①能夠確實地打招呼和道謝

②給人良好的第一印象

③推薦最適合客戶的商品

我彷彿聽見有人說「每一點都是理所當然的事」，但就我所見，「完美」做到這三點的業務員並不怎麼多。

為了成為一流的業務員，確實地從頂級業務員身上學會「守破離」的「守」，也就是「業務的基礎」，創造自己的形式很重要。能夠完美做到「守」，才能接著進行「破」、「離」，逐漸離開基礎的形式。

說到這個，右邊列舉的「三個基本」當中，最重要的是「打招呼」。

我認為，開始和結束的打招呼跟你洽商的內容差不多重要。打招呼時，請仔細地用心進行每一個動作。

聲音清晰、宏亮地說「早安」、「謝謝」，深深一鞠躬。確實握住對方的手，然後才握手。在等候的地方，發現客戶的身影出現在前方之後，要親切地大大揮手。我想，要用心地打招呼，除了用語之外，有時候一併使用動作很重要。

我曾經從客戶身上，重新學到打招呼的重要性。

有一天，我第一次拜訪某上市企業，在會議室和關鍵人物——董事D順利見到面，開會超過一小時，洽商往前邁進一大步。

等電梯的幾十秒的期間，董事D提起和家人外派至美國西岸時的往事。

我進入電梯之後行禮，站在對面的董事D他一直向我行禮，直到電梯門關上為止。

基本上，業務員進入電梯，和客戶道別時，要持續深深地鞠躬，直到電梯門完全關上為止。相對地，客戶輕輕點頭致意乃是一般常態。因此，對業務員如此客氣地打招呼的客戶，令我覺得十分罕見。

董事D在洽商的過程中，言行舉止一直很沉穩，令人產生好感，所以看起來是個非常棒的人，而且最後在電梯外的行禮，使我對他的印象攀升到了最高點。

我心想「董事D不管對誰，都客氣地打招呼，是位人格出色的人」，佩服不已，重新深感到打招呼的重要性。

業務員見客戶，會打「開始的招呼」，道別時會打「結束的招呼」。一開始的打招呼，在看到客戶的身影時，要向客戶安排今天見面的場合道謝，有時候還要夾帶肢體動作。洽商順利結束，和客戶道別時，要向客戶願意和自己洽商道謝，一般在道別時的招呼比較短。

但儘管短，也不能在道別的打招呼鬆懈。正因為短，業務員瞬間的動作才會令對方印象深刻。客戶一直看著業務員的一舉一動，直到電梯門關上為止，而最後的打招呼往往會決定客戶對業務員的印象。

在公司內部，也要主動先打招呼。早上無論再忙、或者就算對方是下屬，也要主動說「早安」，打招呼。

業務員不只是在客戶的公司要行禮如儀，請留意平常就要心情愉悅地打招呼，說「早安」、「你好」、「謝謝」。正因為平常重視打招呼，來到客戶面前，招呼語也會以自然的形式脫口而出。

真正的業務實力在於：

業務員先確實地掌握基本的「守」很重要。做到「守」之後，才能逐漸確立自己的業務形式。

業務心法

19

就算客戶已經簽約也要小心謹慎做準備

棒球比賽即使到了9局下2出局，勝負還是很難說。原本分數落後的隊伍，也經常在9局下打出滿壘全壘打，再見逆轉勝。

高爾夫球往往也是到了最後一天的最後一洞，球進洞了才知道勝負。時常聽到落後第一名幾桿的選手，在最後一天逆轉獲勝。

棒球和高爾夫球都是比賽，結果要到最後一刻才會知道。而業務的工作也類似，客戶簽約之前都不能鬆懈。

一流的運動選手即使發生意想不到的事，也做好了能夠瞬間因應的準備。同樣地，即使是一流的業務員也要為了萬一發生的問題預做準備，並且平常就必須準備萬全。

在不久的將來，不曉得會發生什麼事。說不定會發生好事，也說不定會發生壞事。**無論發生哪種事，事先做好能夠因應的模擬措施和準備很重要。**

已經累積到一定程度經驗的業務員，在客戶簽約之前，都會繃緊神經地做好萬全的準備。因此，對於客戶突如其來的詢問或商品規格變更，也做好了能夠設法因應的準備。

但是，對簽約後的客戶的應變不足的案例也不少。

縱然簽約後我們也定期地拜訪客戶的公司，但是沒什麼準備。當有一天，突然收到客戶提出的解約申請，就會非常慌張。

我看過幾次這種業務員，而無論是再優秀的業務員，往往也經歷過幾次這種情況。

其實，有方法能夠有效地防範客戶解約於未然。

各位知道「海因利奇法則[2]」嗎？一件重大意外的背後，有29件小意外。此外，存在300個可能變成意外的危險狀態。而其中的98％是能夠預防的「1比29比300」的法則。

讓我們試著把這個海因利奇法則套在業務的工作上來思考。

舉例來說，假設你收到1個解約的申請。於是，可以解讀成其背後會有上看300個解約的可能性。

發生解約或故障等問題時，業務員首先該做的是馬上拜訪那個客戶，詢問解約的理由，找到原因。

接著，將使用同樣商品或服務的客戶列成清單，特別選定可能符合該原因的客戶。然後，在新的問題發生之前，直接拜訪或打電話、寫E-mail等追蹤。這麼一來，理論上98％就能夠預防。

業務員最好事先以「商品」、「服務」、「地區」、「購買日期」等分類，

製作自己的「客戶清單」。客戶清單可以使用公司的CRM（顧客相關管理）工具，或者使用自己電腦的Excel製作。

如果事先準備好自己的顧客資料庫，發生問題時，就能迅速且準確地將類似的客戶列成清單。

真正的業務實力在於：

一個解約的客戶背後，還存在29個解約的可能性。發生一個解約事件時，要事先準備好能夠迅速因應類似客戶的應變措施。

2.「海因利奇法則」是美國著名安全工程師海因利奇所提出的300：29：1法則。通過分析職災事故的發生概率，為保險公司的經營提出的法則。這個法則意思是說，當一個企業有300個隱憂或違法事項，必然會產生29起輕傷或故障事件，而在這29起輕傷事故或故障事件當中，必然包含有一起重傷、死亡或重大事故。

業務心法

20

客戶有4種：現實派、社交派、理論派、友好派

世上有各式各樣的人，所以若是從事業務的工作，就會遇見形形色色的客戶。當然，也會有必須要和跟你截然不同類型的客戶，妥善洽商的時候。不同類型的人見面對話時，通常會想「和睦相處」，配合對方的類型，漸漸地折衷取得妥協，關係穩定下來。

但是，業務員洽商的情況下，客戶這一方幾乎不會有「試圖配合對方」的動機。因此，只有業務員這一方會努力取得妥協。

若這場洽商進展不順利，就會變成「直到最後還是合不來」、「各說各話地結束了」這種情況。

一流的業務員擅長配合對方的類型。清楚知道客戶不太有「配合業務員」的動機，所以會主動地刻意採取妥協，努力讓關係穩定。

其實，人的類型大致上能夠分成4種社交型態：

①現實派

具有行動力，不在人前展現情感。重視結果和效率。有獨立精神。喜歡管理屬下。

②社交派

具有個人獨創的創造力。個性開朗，喜歡親近人。喜歡別人積極地聽自己說話。

③理論派

慎重地觀察事物，下決定之前深思熟慮。喜歡發現和分析問題。

④友好派

與人建立友好關係，獲得平衡，也取得共識。希望小組成功，喜歡和身邊的人合作。

業務員若是將客戶分類成這4種類型，留意下述的說話方式，洽商應該就會進展順利：

①現實派的客戶

語氣抑揚頓挫，有話直說。先從結論說，不廢話。

②社交派的客戶

儘量貫徹聽眾的角色，仔細聽客戶說話。友好地因應。

③理論派的客戶

不太摻雜情感，採取邏輯化的說話方式。

④友好派的客戶

採取穩重的說話方式。展現令人有好感的態度。一面徵求對方的同意，一面說話。

如果能夠配合客戶的類型因應，洽商成功的機率就會大幅提高。一流的業務員就是因為做得到這一點，所以能夠因應任何客戶，持續獲得成果。

真正的業務實力在於：

如果配合客戶的類型行動，無論任何商品、任何對象，都能巧妙地銷售。

業務心法

21

業務員的優先順位是：客戶、公司、自己的部門

在第一線做業務時，我曾經碰到兩次大「難關」。

第一個「難關」是「無法達成公司給予的業績目標」。於是我觀察、研究一流的業務員，模仿他們實踐的共通點，克服了這個難關。

第二個難關是「該以公司或客戶為優先才好」。當時，儘管我漸漸知道銷售的訣竅，但總是心想「自己賣的商品，真的能讓客戶開心嗎？」，而感到不安。

我心想「做業務該把什麼擺在第一位思考才好……」，百思不得其解，於是找上司的上司——部長N討論。於是，部長N告訴我「對業務員而言的優先順位」如下：

1. 對於客戶而言，什麼最適合？

2. 如何貢獻公司？

3. 做什麼能夠對自己部門有所貢獻？

也就是說，部長N教了我做為一個業務員，是向客戶推薦最適合的商品，提升銷售數字，不僅能夠貢獻公司，也對自己部門的業績有所貢獻。

「如果以這種優先順位進行業務工作，客戶的滿意度就會提升，成為回流客。結果公司的銷售額也會成長，而自己部門的業績也會提升，成為良性循環。」

部長N的說明，讓我放下心中一塊大石。

在那之前，我是以「自己部門」、「公司」、「客戶」的順序決定優先度，進行工作。大部分的資深業務前輩也這麼做，所以我認為這是理所當然的。

但是，隨著經驗累積，向客戶提案的案件規模越來越大，我陷入了無法兼顧公司期待的銷售方式和客戶滿意度的狀況之中。

舉例來說，業務員一定都想要推銷高價或利潤高的商品或服務，但是提案這種商品或服務，有時候未必對於客戶而言，是最佳的解決方案。

但是，聽了部長N的說明之後，我不再遲疑，變得留意提案對於客戶而言，最適合的商品或服務。

業務員被公司要求提升業績，「想要符合上司的期待」。相對地，也「想要向客戶推薦最適合的商品」。

許多業務員在兩者之間天人交戰。

最該重視的是，「推薦對於客戶而言，最適合的商品」，並且也僅止於

這一點。

若是我們試著站在客戶的立場思考，馬上就會明白。

如果發現業務員以達成自己的業績目標為第一優先，而提案商品，那麼該客戶絕對不會購買此商品。

即使是業務員推薦時客戶沒有發現而買下，之後發現這種情況的話，客戶滿意度就會下降，導致取消或解約。

真正的業務實力在於：

假如猶豫要以自己的公司還是以客戶為優先，就要以客戶為優先。如果採取令客戶的滿意度下降的方式跑業務，遲早會因為客戶的不滿而受到負面影響。

業務心法

22

不是以自己獲益 而是以對方獲益的 觀點行動

對於業務的工作而言，「建立人脈」非常重要。只要能夠擁有豐富的人脈，對業務工作的進展就十分有利。

當我進入業務部之後，負責開發新客戶。接觸新客戶相當辛苦，因為突然接到沒見過也沒聽過的業務員的電話，或者業務員上門推銷，一般而言，任誰都會警戒。

相對地，對認識的人介紹、登門拜訪的業務員，客戶會降低戒心。

我在前面提過，銷售電腦系統給旅行社M時，M公司的社長和董事們非常感謝我，社長室室長甚至給了我同業的旅行社名單和介紹信。

我拿著M公司的介紹信，到處去同業的國外旅行社跑業務，與所有聯絡上的客戶會面，成功地開發了三十多個新客戶。

我要介紹兩個建立人脈的重點。**第一個重點是，以輕鬆的心情開始。**

對於業務員而言，雖然建立人脈很重要，但是並非提升眼前的業績目標這種急事，所以也有許多人遲遲沒有展開行動。

此外，若是心想「我要建立人脈！」，太過一廂情願，「理想」和「現實」之間的差距就會過大，也經常在過程中心生厭煩而受挫。

英文有一句成語是「Well begun is half done.」，意思是「好的開始是成功的一半」。

凡事經常在試著著手之後，意外地進展順利。建立人脈也是一樣，用「先著手再說」這種輕鬆的心情開始很重要。

第二個重點是，思考「如何讓對方獲益」之後再行動。

業務員期待銷售額這個明確的利益而行動，所以你或許會認為，業務員建立人脈的目的是為了獲得收益。

然而，只要是尋求短期的收益而試圖拓展得人脈，不會順利。不要思考「自己獲益」的事，而是思考「如何讓對方獲益」而行動。

不過，「對方獲益」不是指不斷地降價，讓客戶獲益。

從我擔任ＩＢＭ的業務經理開始，我就一直說「不要殺低價格，而是提出最佳的提案，讓客戶滿意」。

透過商品或服務，提出解決客戶課題的最佳提案，為了做到這一點，必須提出徹底考慮到客戶情況的提案。

當客戶收到最佳提案，即使價格高一些，也能接受。

建立人脈也可以以一樣的方式思考。也就是說，思考**「我該怎麼做才能**

對這個人有幫助」。若以這種態度與人交往，建立人脈也自然會進展順利。

偶爾做對方有幫助的事，雖然無法獲得回報。但其實只是沒有馬上獲得回報，遲早也一定會有回報的。

真正的業務實力在於：

建立人脈要以輕鬆的心情開始。此外，不能只為了尋求短期的利益而建立人脈。

第 4 章

持續獲得成果的習慣

業務心法

23

金額不限
但每個月一定要
成功簽約

業務員對於自家公司的商品或服務有自信，向客戶提案，客戶接受，在合約書上蓋章。許多業務員（包括我）都最愛這一瞬間。

我如今還清楚地記得，做業務第一年，我第一次從客戶手中獲得合約書時的情景。

「今後萬事拜託。」

在合約書上蓋章的客戶如此對我說，我精神抖擻地道謝：

「謝謝。我會全力以赴！」

走出那家公司的辦公室之後，我將合約書抵在胸前，三步併作兩步地跑下階梯。

因為電梯要等，我擔心萬一客戶改變心意，追出來叫住我說「還是讓我重新考慮合約吧」，那我可受不了，我心想「要是客戶改變心意就糟了」，所以衝下了階梯。

到我做業務第三年左右為止，我從客戶手中獲得合約書時，都不會搭電梯，而是走樓梯下樓。

當業務員拿著合約書回到公司，在場的業務部上司、資深業務前輩、同事和後進都會上前迎接，紛紛稱讚：

「恭喜。」

「太好了。」

「居然搶到了困難的合約。」

業務員獲得合約書的瞬間，應該也會獲得「我善盡了業務的本份」這種無法言喻的快感。

為了對於業務的工作感到驕傲，長期持續這份工作，**我認為，不拘泥於金額，先以「每個月一定要拿到合約」為目標很重要。**

在運動界，人們常說「養成勝利的習慣很重要」，因為「養成勝利的習慣」的選手能夠心想「我一定要勝利」而努力，相對地，養成「失敗習慣」的選手會馬上放棄。

業務的世界也是一樣。**每個月持續簽約成功，養成「勝利習慣」的業務員會不放棄地努力，把自己變成容易達成目標的體質。**

我擔任第一線的業務員時，連續八十個月持續簽約成功。我不拘泥於金額的多寡，強烈地意識到「每個月一定要簽約成功」。因為我認為，讓自己養成「勝利的習慣」很重要。結果，我連續八年達成了公司的目標。

養成勝利的習慣並不簡單。如果拜託既有的客戶，或許能夠連續兩三個月簽約成功，但是要連續半年至一年持續簽約成功，就需要相當的努力和付出了。

不過，若是抱持「每個月一定要簽約成功」這種強烈的想法，不可思議的是，就能每個月簽約成功。因為會形成：簽約成功使自己增添自信、使自我成長的良性循環。

真正的業務實力在於：

若是持續獲得成果，自己心中就會養成「勝利習慣」，這會變成良性循環，變成能夠達成業績目標的體質。

業務心法

24

不思考做不到的事只思考做得到的事

這是我身為業務實習生期間，在七月的某一天發生的事。作為第一線研習的一部分，我被委派繞行到被指定的郊外地區的工業區，進行開發新客戶的工作。

公司交給我「有希望購買的客戶清單」，我一一拜訪清單上的客戶。搭公車拜訪某客戶之後，有一條前往下一個客戶辦公室的捷徑，所以我穿越田間、走在沒有鋪柏油的路上，拜訪了下一個客戶。

那天我拜訪了十幾個客戶，但很遺憾，沒有找到考慮購買的客戶，於是我決定直接回辦公室。

回辦公室的路上，負責東京中央區的同期夥伴在地下鐵日比谷線的銀座站上電車。我隔壁的座位空著，所以他在那裡坐了下來。

「辛苦了。」

「今天的成果如何？」

我倆對話時，他忽然垂下目光，不發一語地直盯著我的皮鞋。我覺得奇怪，往自己的腳邊一看，雜草黏在我的鞋底，從兩側露出。

我滿心羞愧，衝進車站的廁所，清除掉皮鞋上的雜草。

雖說同是業務實習生，但我心想「負責郊外的我只是地方巡迴演員，而負責中央區的他是紅牌演員……」而感到羨慕。

對於業務員而言，負責地區非常重要。因為若是負責好的地區，提升銷售額會變得容易，但若是負責到不好的地區，提升銷售額就很辛苦。然而，業務員負責什麼地區是由公司決定的。

話說回來，業務員必須在公司分配的負責地區、客戶、商品和服務這種有限的環境下，獲得最佳的成果。而自己也必須「想要獲得最佳成果」。

若是使用經營術語形容，業務員必須在公司給予的經營資源（人力、商品、資金、資訊）中，獲得最佳的成果。

說到這個，我在研習或研討會等場合中，經常聽到業務員發出下列的牢騷或抱怨：

「因為公司給我的負責區域很糟，所以我做不出成果。」

「相較於其他競爭公司，我家公司的商品或服務的性能很差，所以賣不出去。」

「公司沒有知名度，所以不受客戶信任。」

我也做過業務，所以深切地明白說出這種話的業務員的心情，對於他們的牢騷或抱怨，有些我也能夠點頭認同。

可是，所有業務員都是在有限的經營資源中做業務。所以，改變想法，想著**「要以最適合的形式利用公司給予的資源，獲得最佳的成果」**很重要。

一流的業務員知道，再怎麼思考做不到的事，也不會改變什麼，只是在浪費時間。而且知道將自己做得到的事做到最好時，才會孕育成果。

真正的業務實力在於：

不要只發牢騷或抱怨，要接受公司給予的環境，思考：「在這個環境中，該怎麼做才能做到最好？」

業務心法

25

找出潛藏在問題背後的「真正原因」

假設你現在正在從事鋪設道路的工作。

你的目標是每天興建5公尺的道路，但是最後，一天只能興建3公尺的道路。

我們目標和結果之間的差距是2公尺，這沒達成的2公尺部分會成為「問題」。

如同這個道路的比喻，工作中，「目標」和「結果」之間會產生差距。如果結果高於目標，就沒有「問題」，但是往往結果低於目標，所以「問題」就會發生。

此時重要的是，若只被「問題」奪走目光，事情絕對不會解決。

為了解決事情，必須思考潛藏在「問題」背後的「原因」。

試著思考剛才的比喻中，每天只能興建3公尺的道路的「原因」吧。有各種可能的原因，像是「累了」、「忘了帶必要的工具」、「天氣惡劣，無法施工」、「誤以為目標是3公尺」等。

當然，解決方法會依各種原因而有所不同。

舉例來說，如果原因是「累了」，那減少加班、調整每天的工作量，或者進行考勤管理，應該就能解決。

如果原因不是「累了」，而是「忘了帶必要的工具」，打造開始工作時，不會忘記工具的流程架構，應該就能解決。

也就是說，縱然「結果」一樣，解決方法也會依原因為何而截然不同。

為了解決問題，最重要的是必須像這樣找出真正的原因。反過來說，只要找不出真正的原因，「問題」就無法解決。

此外，有時候真正的原因不只一個，而是有很多個。

各位業務員請不要只被「結果」奪走目光，而是要隨時努力挖掘、找出「真正原因」。

舉例來說，假設某個業務員在洽商的初期階段，有「明明和負責人見了面，但是洽商遲遲無法進展」這個「問題」。

若是探尋這個「問題」的「真正原因」，是業務員沒有確認客戶的「裁決流程」，無法見到「裁決者」（實際上，真正的原因大多是如此）。另外，裁決流程是指，何時、誰、向誰報告、誰決定這種公司內部的步驟。

大多數的情況下，裁決者是社長或事業負責人。因為擁有預算決定權的是社長或事業負責人。

因此，這個真正原因的解決方案是，業務員詢問「負責人」要向誰報告，獲得「裁決者」的批准。

如果直率地問負責人：

「決定這次案件的，是社長嗎？還是〇〇部長呢？」

大多數的情況下，負責人都會告訴你。**問或不問的小差異，會對洽商是否進展順利造成莫大的影響。**

真正的業務實力在於：

不能只專注於「問題」或「結果」的部份，若不找出引發結果的「真正原因」，「問題」就無法解決。

業務心法

26

向身邊的人宣告目標善用「一貫性原則」

在百貨公司的地下食品賣場，銷售員經常會推薦客人試吃商品。我經常一被推薦試吃，就會忍不住購買，我想，各位也有這種經驗。

據說這個背後，存在「一貫性原則」這個心理學的定律。接受試吃的客戶因為想維持本身行動的一貫性，所以也會接受購買的要求。

人對於本身的行動、發言、態度、信念等，有想要維持一貫性的這種心理在運作。若將這種「一貫性原則」運用在要推展業務的客戶身上，就會非常有效。

我擔任第一線的業務員時，每年都會在新年度的專案啟動會議中，宣告：「無論如何我都要達成第一季的目標！」

因為想將向別人宣告的事情付諸行動的「一貫性原則」在運作，所以向眾人宣告之後，無論如何都會想要去達成。

原本我是因為認為「做業務，起跑衝刺決定了一切」，所以向眾人宣告，提高了上半年奮力工作的動機（我後來才知道心理學中，有這種定律……）。

結果，我才半年就達成了公司的年度目標，於是下半年從容地進行業務活動，同時能夠參加公司內外的研習，磨練自己的技能。

我想，各位當中，或許也有人是在公司的新年度或第一季開始時，被上司或公司要求設定目標，並說明如何達成。

無論如何，**建議各位業務員在年度初期設定「自己的目標」。目標可以反映於業績層級。以業績層級做為目標並且予以實踐的人，意外地少。**

設定自己的目標之後，請試著積極地向資深業務前輩、同事或後進等身邊的人，「宣告」該目標。一旦對身邊的人「宣告」，將之付諸行動的動機就會提高，大幅提升實際上能夠達成的機率。

透過向身邊的人宣告，能夠獲得下列三個效果：

①產生用來達成目標的決心

②決心令人執行

③能夠獲得上司、資深業務前輩或同事的理解和協助

請了解宣告也具有③的效果。舉例來說，身邊的人會心想「他好努力，協助他吧！」，如此給予協助。

在經營界，有一句人們常用的用語是「承諾」。意思是宣告目標，保證達成它。

承諾是在公司裡，站在要負責任的立場的人所須具備的，被視為重要的行動指針之一。因為商務活動的本質就是，反覆向身邊的人宣告目標，並且達成它。

而業務的工作基本上就包含了承諾這個性質。因此，我認為業務是身為上班族，最適合用來成長的職業。

真正的業務實力在於：

要依照人的「一貫性原則」，向身邊的人宣告目標，提升自己能夠達成的機率。

業務心法

27

①客戶考慮購買的動機
②協議下結論的期限
③寫下洽商簽約之前的業務劇本

成為業務課長的第一年，我煩惱「該怎麼做才能讓所有成員達成目標」。我的課員有七名，從比我年長的資深業務前輩到第一年做業務的新人，小組成員參差不齊。

我透過成為課長之前在第一線做業務八年的經驗，相信**「業務的專業技巧是科學性的，而且具有重現性」**。我認為業務的專業技巧不是屬人的，而是不管誰實踐都會產生效果的「科學方法」。

但是，在當時的ＩＢＭ，頂級業務員的大部分專業技巧都在他們心中「黑盒子化」。我對於這種風氣感到疑惑，我心想：「如果向所有成員分享頂級業務員的知識，應該所有的成員都能夠成長……」決定毫不藏私地向成員公開自己的經驗和從頂級業務員身上學到的事。

從此之後，每週日的晚上，我會一一想起七名成員的臉，思考「他們該怎麼做才能提升業績、成長」，持續寫下名為「來自高野的建議」的摘要給各個人。

建議的內容是我認為「該週最好進行」的事。我對每個成員寫出十項，於週一早上的會議中，將摘要交給各個人。

我試著回顧當時，對資深業務前輩M寫下了下列事項：

- 請針對既有的客戶，製作新產品X的提案報告的雛形
- 請讓業務總部長跟你一起去預定簽約的A公司
- 我休假時，請代行〇〇的職務

此外，對新人Y寫下了下列事項：

- 請製作新開發客戶的業務劇本
- 請研究要怎麼安排和你接手的客戶B的聚餐
- 請整理客戶C的客訴問題，向我報告

我持續兩年，每週將摘要交給七名成員。一年有52週，所以我在兩年內寫了七千項（七名×十項×一百週）。

在我開始每週寫摘要的幾個月後，察覺到業績不佳的業務員有所謂的共通點，共通點如下列三點。反過來說，我也學到了，只要能夠克服這三點，任誰都能提升業績。

①無法問出客戶「考慮購買商品／服務的理由（動機）」

②無法針對洽商/購買服務，和客戶協議在何時之前下是否購買的結論之期限

③無法製作能夠讓洽商案件簽約的「業務劇本」

因此，我透過摘要，讓七名成員貫徹摘要上的項目，以便能夠克服這三大問題點。於是從此之後，七名成員全部能夠持續達成業績目標。

我本身也透過持續撰寫摘要，發現了「為了讓業績不佳的業務員獲得成績，只要讓他掌握這三點即可」這項真理。

真正的業務實力在於：

頂級業務員的專業技巧具有重現性。如果所有成員分享知識，所有成員都能成長。

業務心法

28

用「早鳥型」行動力
把重要的文書工作
集中在上午完成

業務員必須在有限的期間內，達成公司給予的目標業績數字，所以「如何提升產能」是重要的主題。

為了提升工作的產能，思考配合「生理時鐘」的工作方式很重要。

人在早上自然醒來，到了晚上自然想睡，據說這是人的身體擁有基因層級的生理時鐘。

許多一流的業務員會照著生理時鐘行動，也就是說，他們有效地使用早上（上午）的時間。因為早上是一天當中，最能集中精神工作的時間。

他們一大早到公司上班，在頭腦最清醒的上午製作提案報告、預約和客戶見面的時間、製作報價單，接著，下午就是拜訪客戶的時間。

傍晚，拜訪完客戶回來之後，完成當天該做的事，像是在公司內部到處跑，回答客戶提出的問題等。

最後，將隔天要進行的事情列成清單，事先記錄下來。這件事結束之後，不會加班到很晚，儘量早點回家，為明天做準備。

雖然他們有時候也會專注於工作，加班到很晚，或者周末六日加班，但基本上，我建議以「早鳥型」行動為佳。

讓在公司內部的工作集中在上午的理由是，除了頭腦清醒之外，這個時段比較少來自客戶的電話，是能夠專注自主工作的環境。

如果工作的產能提升、業績成長，精神上也會變得健康。人們常說「病由心生」，但是如果精神健康，就能維持身體的健康。

在外面跑來跑去的業務工作，體力非常重要，所以如果身心健康，就能長期持續業務的工作。

在此，列舉業務員可集中於早上時間完成的工作：

- **製作提案報告**
- **製作報價單**
- **為了開發新客戶而預約見面的時間**
- **重新檢視業務策略的制定**

這四項都是用腦的工作，所以最好在腦袋靈光的早上做。

說到這裡，因為加班、接待應酬，**或者私人因素而晚睡的日子，自己的生理時鐘會亂掉，所以必須調整。**

據說要調整生理時鐘，曬太陽最有效，而好好吃早餐也有一定的效果，所以下列方法很有效：

- 即使再晚睡，睡覺前也要稍微拉開窗簾，以便能夠曬太陽起床。
- 每天吃早餐，起碼也要喝杯蔬果汁。

真正的業務實力在於：

配合生理時鐘，將工作的型態改成「早鳥型」。假如生理時鐘因為不得已的原因亂掉，要確實地調整回來。

第 5 章

投資自己，持續學習的習慣

業務心法

29

「將一年當作半年」戲劇性地改變行動的質量

我想，有很多人曾在國小、國中時，火燒屁股才開始寫暑假作業。

此外，我想在職場中，總是加班的人大多以「加班」為前提在進行工作。相對地，總是準時下班的人是以「在下班前結束工作」為前提在進行工作。

這些共通點能夠從英國的歷史學家、政治學家——帕金森（Cyril Northcote Parkinson）提倡的「帕金森定律」說明。

他在著作中，提到了下列內容：

「工作量會膨脹至填滿用來完成工作而給予的所有時間為止。」

也就是說，人的工作這種東西，不是取決於「量」，而是「時間」。

人心很脆弱，所以一想到時間上還很充裕，就會延後不想做的工作，使用所有事先決定的時間來做工作。

若是逆向思考，縮短原本的「死線」（期限），進行稍微勉強自己一些的設定，在有限的緊湊時間內努力工作，產能也會較為提高。

這種想法也適用於業務工作。也就是說，**將花在達成公司給予的目標數字的時間，縮得比公司決定的「死線」更短，有意識地提升產能即可。**

我擔任第一線的業務員時，會「將一年當作半年」，把自己工作的「死線」設定為平常的一半，在有限的時間內有壓力感地工作。

這麼一來，我們的專注力會提高，能夠有效地提升工作的產能，提高自己的「行動的質量」。

只要試圖以一半的時間達成目標，自己的「業務的質量」就會戲劇化地改變。

「明明再多三個月，不，六個月的話，絕對能夠達成這個數字……」

我常看到找這種藉口的業務員，但是我會反向思考，讓自己以一半的時間達成目標。

我之所以想以兩倍速率來工作，是因為我討厭自己總是想要心有餘裕這件事，以及整個年度只是被達成目標這件事追著跑。

實際上，只要設定期限，試圖設法在期限之前完成，下盡所有努力和工夫，工作往往會在期限之前結束。

我從做業務第二年開始，就在半年內達成公司的年度目標，思考：「剩下的時候要做什麼呢？」

如今，我想許多人會透過晨間活動等提升技能，但是我擔任第一線的業務員時，一般認為個人的技能研習等是其次。

可是，我認為投資自己，整備好學習環境很重要，所以參加了大部分公司內部的技術研習和領導研習等。

當這些課程結束之後，我一年還會聽講各種研習二十天以上，像是公司外部的業務研習、頂級業務員的演講、異業交流會等，磨練自己的技能。

致力於這種個人的技能提升，就能夠自我成長，這在工作中會進一步提升業績，產生良性循環。

真正的業務實力在於：

若想在一半的期間內達成目標，就要去蕪存菁，進行高產能工作，並將多餘的時間用於投資自己。

業務心法

30

①當天寫下學過的事
②條列式地彙整重要的事
③撥出回顧的時間

各位應該有過接受業務研習或參加研討會，或者聽頂級業務員的成功案例，覺得「恍然大悟！」、「深受感動！」的經驗。

但是，是否也有許多業務員沒有將當場深受感動的知識，付諸實際的行動呢？

德國的心理學家——赫爾曼・艾賓浩斯（Hermann Ebbinghaus）所發現的「遺忘曲線」這個理論，能夠說明其原因。根據這個理論，人在一小時後會忘記56％學過的事，而一天後會忘記74％、一週後會忘記77％、一個月後甚至會忘記79％。

也就是說，人的記憶力實在不怎麼樣，所以若不採取確實的對策，就會不斷地忘記學過的事。若連好不容易使用寶貴的時間學過的事也忘記，就更不用談付諸執行。

我將我所執行的三個步驟的「不忘架構」介紹如下：

①當天寫下重要的事

②重要的事要用條列式彙整於一張紙上

③一週後、一個月後、三個月後撥出三十分鐘回顧（複習）它，並且反覆這麼做

步驟的重點是「當天」、「彙整於一張紙」、「排入回顧的預定行程」這三點。

回顧時，請注意學到的重點、實踐所獲得的成果、自己的行動變化這三點複習。若將此結果也新增彙整於一張紙，反覆重看，效果就會提高。

不要排入回顧的預定行程，就只是把條例式的紙貼在桌子前面，每天瀏覽也是一個方法，但恐怕人會滿足於「貼」這個行為本身，實際上沒有想起的機會，所以我不太建議。

當然，無法真正理解的事，就無法執行。

因此，光是打造「不忘架構」並不夠，還一定必須「確認自己是否真的理解」。

確認自己是否真的理解的最有效方法是，「向同事、資深業務前輩、後進說明學過的事」。

舉例來說，假設你在提案的研討會中，學到了「向多人提案時，若是一面依序和每一個聽眾進行眼神接觸，一面一句一句話地對他們述說，就能主掌現場的氣氛」。

實際進行、教導同事或後進這個知識，你本身也能確實地掌握。而且會受到學習的同事或後進感謝，所以是一舉兩得。

再怎麼困難的內容，如果你真的理解，應該能夠簡單明瞭地向第三者說明。假如對方聽不懂你的說明，最好認為是因為你無法確實地理解內容。**以自己的用語向對方說明，具有「能夠整理自己的思緒」這個大好處。**

因此，不要猶豫，請積極地教導第三者自己學過的事情。

真正的業務實力在於：

當天學過的事，其實也大多無法確實地理解。所以要透過教導別人，確認自己的理解度，確實地學習。

業務心法

31

磨練描寫「簽約前劇本」的「直覺力」

各位知道「一萬小時定律」嗎？

這是美國的小說家，在雜誌《紐約客》擔任職業寫手的麥爾坎・葛拉威爾（Malcolm Gladwell）提倡的定律。

據說莫札特和披頭四等音樂家、世界知名的運動選手為了獲得活躍於該領域的能力所花的練習時間，大約是一萬小時。

而葛拉威爾說，要嫺熟某能力，需要一萬小時的練習。

我們上班族一年的工作時間將近兩千小時左右，所以五年就約是一萬小時。**因此，各位會在五年內嫺熟某領域的能力**。

我做業務的第七年，已能夠完美地描寫「簽約前的劇本」。

我養成了能夠從第一次拜訪的客戶的公司櫃檯、應對方式、公司的氣氛、辦公室的配置、公司內部海報的內容、各位員工的樣子、和見面的負責人之間的對話等線索，推導出「這個客戶採取怎樣的洽商行動，會進展至簽約」這種成功劇情的能力。

我花了整整六年才養成嫻熟的業務能力，所以不算太機靈，但是我想，只要努力一萬小時，任誰都能養成一流的業務能力。

我在研討會中也說過：「業務是一個透過各種經驗累積起來的職業。」業務員為了達成公司給予的目標而努力。一面經歷許多成功或失敗，一面累積各種見識，而養成敏銳的**「直覺力」**。

這種直覺力象徵了先前說的「簽約之前的劇本」。因為擁有劇本，所以能夠瞬間判斷「如今，自己該怎麼行動才好」。

直覺力對於業務員而言，是最重要的能力之一，累積越多經驗，它就會被磨練得越敏銳，這就是為什麼我認為「業務的見識沒有飽和點」。

各位當中，應該有人想一直在現在的公司持續業務員的工作，而也有人想跳槽換公司，以晉升更高階的專業業務員繼續工作。

無論如何，若是身為業務員累積資歷，磨練直覺力，即使商品改變、公司改變，也能一直在第一線持續工作。

不過，若只是單純地累積年資，未必會養成直覺力。

重要的是，平常留意對各種客戶，有條理地思考「簽約之前的劇本」，為了實現它而實際地付諸行動。

反覆描繪劇情，付諸行動的過程中，會鍛鍊能夠瞬間進行正確判斷的「直覺力」，維持高簽約成功率。

真正的業務實力在於：

業務是一個靠累積的經驗發揮效果的工作。每天持續努力，會磨練描寫「簽約之前的劇本」的「直覺力」，維持高簽約成功率。

業務心法

32

如果有不懂的事 請放膽發問

我過去做業務，開發新客戶，所以會針對客戶和業界的事、假設的課題等，事先做了盡可能地調查之後，再去客戶的公司拜訪。

不過，即使事前再怎麼調查、思考，還是只能了解客戶的一小部分。**因此，我在拜訪客戶之後，會積極地提出各種問題，深入了解客戶。**

大部分的客戶比起聽業務員說話，更愛自己滔滔不絕，而且會對當個好聽眾的業務員抱持好感。

因此，對於客戶有不懂的事，請盡量發問。詢問客戶，能夠深入了解客戶，同時改善和客戶之間的關係。

此外，這也會最有效地活用你的時間。

這是我拜訪過去長年使用同業Ｓ公司的電腦，一間大型高級女裝廠商客戶的故事。

我一見到客戶的系統負責人，他就對我說：「我們公司引進了S公司的業界最頂尖系統，所以接受了媒體的採訪」，給我看刊載專訪報導的雜誌。

S公司的最頂尖系統能夠即時管理每一件高級女裝，就當時而言，具有劃時代的功能。

我的第一印象是，「既然是引進了最頂尖系統、接受媒體採訪的公司，老實說，這種狀況即使我們公司提案，也很難讓對方接受」。

儘管如此，為了慎重起見，我還是詳細聽取了他們引進最頂尖系統的經過，因此知道其中發生了某個問題。

為了順暢地管理大量的商品數據，對如今的電腦性能處理起來負擔很大，必須引進更快速的電腦。

距離第一次拜訪的兩年後，我向客戶提案使用最新的高效能電腦的系統，只是從S公司的系統更換成我的公司的系統。

積極地詢問，深入了解客戶很重要。

對既有的客戶做業務，也可說是一樣的事。

從上一任業務員手中接手某個客戶的情況下，就業務員通常在做的事來說，要先從上一任業務員口中聽取各種資訊，像是和客戶之間的交易成績、關鍵人物的資訊、目前客戶煩惱的課題等，將它們記入腦中。接著，基於這些資訊，針對客戶本身和客戶所屬的行業學習。

然後，跟上一任業務員一起拜訪這些客戶公司。

當你為了接手而去向客戶打招呼時，就要積極地詢問不懂的事，因為確

實地了解客戶很重要。

常有業務員認定「業務員了解客戶的一切」，但實際上，不可能在拜訪前完全了解客戶。

這是因為，就連上一任業務員未必了解客戶的一切，而且客戶的狀況也天天都在改變。

真正的業務實力在於：

「業務員必須事先了解客戶的一切」是自以為是的想法，沒有比直接詢問客戶更好的方法。

業務心法

33

進一步提升擅長領域
不擅長的領域就請他人協助

我擔任第一線的業務員時，和U兄這位非常合得來的人一起工作了一段期間。如今回想起來，他是堪稱「我的最佳夥伴」的人。

U兄是業務課長，也是我的上司，所以稱他為「最佳夥伴」或許失禮，因為他的經驗和成績遠勝於我，年紀也大我很多。

在我看來，U兄學識淵博，「八成沒有他不知道的事」。他和我兩人去拜訪客戶，先開口的總是他。學識淵博的U兄和客戶對話，使氣氛緩和下來之後，就會以自然的形式進入洽商。

有一次，U兄看到擺在客戶接待室的高雅大型瓷器，開口說：

「這是柿右衛門風格的瓷器吧？」

客戶吃驚地說：

「你真內行。」

U兄說：

「我對陶瓷有興趣……」

對話從一開始就聊得很起勁。

於是我看準氣氛緩和的好時機，便開口說：

「對了，我們帶了前幾天提案的新銷售管理系統的報價單來了……」

我一面如此說道，一面緩緩地從公事包拿出報價單，開始說明。

當時，我的專長是分析客戶現狀，找出客戶課題的提案邏輯力。

但相對地，性子急的我好像也時常太快切入正題，而總在內心反省：「我是不是太快切入正題了……」

因此，進行重要的洽商時，我會請U兄同行，他以閒話家常的能力緩和氣氛，幫了我很大的忙。

我至今見過幾萬名業務員，卻沒有十全十美的業務員。即使是一流的業務員，也只是在特定的某個領域出類拔萃。

因此，如果你自覺到自己擅長的領域，就使其進一步提升。不擅長領域則像我一樣，請類似拍檔的人協助，這種搭配不可或缺。

業務員擅長的領域有很多種。

舉例來說，有人擅長「製作提案報告」——當然，並非向客戶提案，一定能夠簽約成功，所以經常必須製作目標契約數的二至三倍的提案報告；也有人擅長「開發潛在客戶」，為了讓提案報告有機會提出，必須有效率地拜訪許多客戶，開發潛在客戶。

也有人擅長「預約見面時間」，若不預約許多與客戶見面的時間，根本開發不了潛在客戶。沒有事先向客戶預約見面的時間，即使試圖以體力定勝負，盲目地接觸客戶也沒用，了解各個行業的情況和課題，選定值得瞄準的目標，進行接觸很重要。

我建議正在尋找自己擅長領域的人，先在業務流程的某個部分，成為小組中的第一。**因為「起碼一項成為第一」會令人產生自信，提高自己的業務技能，才能獲得大大的斬獲。**

真正的業務實力在於：

首先，要在業務流程中的某個部分，成為小組中的第一。若擁有擅長的領域，會令人產生自信，化為成果顯現。

業務心法

34

試著具體地勾勒五年後你想變成怎樣

許多日本的公司有升遷管道的制度，讓年輕時經歷業務的工作，獲得成績的人晉升，拔擢為經營幹部。

這是為什麼呢？

當然，公司要生產商品銷售、賺錢，才能支付員工薪水，也才能為了研究、開發新產品而投資。否則的話，連辦公室的電費、租金都付不出來。

也就是說，所有企業的生命線操之在業務強弱，顯然業務才是最重要、不可或缺的職業。

做業務，不只是銷售能力很重要，同時也是因為業務員最接近購買商品的客戶，最清楚「客戶想要什麼」、「提案什麼的話，客戶會購買」。

正因如此，公司會將做業務獲得成績的人拔擢為經營幹部，各位業務員站在肩負公司未來的絕佳立場。

業務是每週、每月被要求成果的艱辛工作，但也是最受讚許的工作。

實際上，我就是在業務的第一線累積經驗，提升實績，晉升為業務課長，35歲時（在當時）以公司最年輕的年紀就任業務部長，後來也持續在資歷層級往上攀爬。

因為IBM和許多企業一樣，最讚許業務的工作，希望業務的人才肩負公司的核心。

此外，業務員也能用「業績」這個成果，「對外」證明自己的能力。

做業務，公司會給予個人或小組明確的業績目標，結果也會一季、半年、一年地以數字表現。

因此，你能夠明確地以數字顯示「幾年內銷售了多少哪種商品／服務給哪個客戶」。

舉例來說，假設你在三年內賣了5億日圓的電腦系統給客戶T。**這項實績不只在如今隸屬的公司內部受到評價，在就業市場中，作為一個業務員，也會受到好評。**

其實，在求職網站中，職缺最多的職業就是業務。換句話說，日本最需要的職業是「業務」。

在日本設置分公司的外商企業常說：「想要在日本做過業務的人才。」因為即使能夠從本國帶來財經或行銷領域的專家，但是本國卻沒有可以在日本銷售商品或服務的業務員。

此外，日本的一流企業也積極地錄用一流的業務員。因為業務的技術在轉職市場中，是被視為最必要的技術。

因此，當你累積了身為業務員的經驗和技術，這就是到處都適用、無可取代的「寶物」。

在此，闡述了窮究業務這個工作，具有高度的未來性，希望身為業務員的各位務必做一件事。

那就是試著具體地寫下**「自己五年後想變成怎樣」**。

舉例來說，不妨試著具體地勾勒下列這種自己的未來形象。

- 成為公司的業務課長、業務部長、事業部長，拓展新事業
- 打造並實現成員公私兼顧，工作和家庭兩者都很充實的團隊
- 成為在特定的領域受到所有人信賴，擁有專業知識和技術的專家

能夠具體地想像「自己五年後想變成怎樣」之後，接著請試著思考**「為了變成那樣，需要的經驗和技能為何」**，將它寫下來。

這麼一來，就會看見「為了成為五年後想變成的自己，現在的自己該怎麼做才好」這種該前進的方向。

看見該前進的方向之後，思考**「在兩至三年後這個較近的將來，自己必須變成怎樣」**。

透過這麼做，能夠更具體地看見自己需要的經驗和技能。

若想在公司內部實現這一點，最好針對自己需要的經驗和技能，向你的上司說明，獲得他的理解，朝實現目標獲得協助。如果也能向上司的上司說明，我想，實現的可能性就會更加提高。

相對地，如果想在公司外部實現這一點，最好針對自己需要的經驗和技能，向親近的朋友或家人說明，獲得他們的理解，朝實現目標獲得協助。

無論如何，獲得替你加油的人們，會對於檢視現在的自己，投資自己，大有助益。

真正的業務實力在於：

要窮究業務的工作，試著思考將來想變成怎樣，思考為了變成那樣，自己今後需要的經驗和技術。

第 6 章

磨練說服力的習慣

業務心法

35

若是第一印象不合格
客戶就不會聽業務員說話

從前，有一本暢銷書叫作《人的外表決定九成》，我也認為業務員靠「外表和說話方式決定九成」。

各位知道「麥拉賓定律」嗎？

這是美國的心理學家——麥拉賓（Albert Mehrabian）進行的實驗結果所歸結出來，關於人際關係接受方式的心理定律。

根據麥拉賓定律，決定人的第一印象中，「外表」占五成、「說話方式」占四成、「談話內容」占一成。

若是將這套用在業務的世界，**對於第一次見面的客戶而言，身為業務員的你的「外表和說話方式」，決定了第一印象的九成**。業務員的談話內容本身，在客戶心中只占印象的一成。

依我至今觀察業務的世界長達三十五年以上，就我的親身感受而言，我覺得這是正確的。說服客戶之前，存在第一印象合格這個大前提。

因此，縱然業務員的課題分析能力和提案能力再強，只要第一印象不被客戶認同，就無法站上向客戶提案商品或服務的「擂台」。

因此，我擔任第一線的業務員時，**對於包含外表在內的第一印象相當用心。**

首先，服裝儀容非常重要。我會身穿令人感覺潔淨的白襯衫，打顏色沉穩的領帶，套上深藍或深灰的深色西裝外套。

重點在於，西裝外套要掛在衣架上放好，以免產生皺折，西裝褲每天一定要熨燙，或者使用熨褲板，確實地熨燙出中央折線。此外，襯衫的袖口和領口是外露的部分，所以也要確實地熨燙，以免產生皺折。

我負責法人業務，所以業務對象客戶是企業，基本上要一身感覺正派、清潔的西裝打扮，以便隨時見經營者都不會失禮。

此外，**決定業務員的第一印象大多是在交換名片時，所以我會恭敬有禮地交換名片**。

首先，和對方保持約一公尺的距離，抬頭挺胸地面對面。一開始鞠躬之後，向前一步。接著，看著客戶的眼睛，說「我是○○公司的○○」，清楚地報上公司名稱和自己的姓名之後，雙手遞出自己的名片，讓客戶收下。然後，說「謝謝」，雙手收下客戶遞出的名片。步驟僅止於此，但是用心而確實地進行每一個動作，一連串的動作會產生張力和敬意。

接下來的洽商中，要留意挺直背脊地坐在椅子上，好好地看著客戶的臉，一面感覺自然地微笑，一面適度地附和客戶的話。

說到這個，我因為工作，有機會和獲得諾貝爾物理學獎的江崎玲於奈先生說過幾次話。有一次，江崎先生說：「科學有理性而客觀的一面，以及感性而直覺的一面。兩者是互為表裏的關係，互補地發展科學。」

這種想法也適用於業務員。**客戶會對重視「理性和客觀性」與「直覺和感性」的業務員敞開心扉，予以認同。**

真正的業務實力在於：

業務員的「外表和說話方式」決定第一印象的九成。首先，要努力讓第一次見面的客戶抱持好印象。

業務心法

36

比起「Yes」客戶會以帶有情緒的「No」為優先

我在業務研習或研討會中，一定會說：「客戶比起理智的『Yes』，會以情感性的『No』為優先。」這是基於我的沉痛經驗。

這是我在年底拜訪大型健康食品銷售公司Ｊ，向社長打招呼時的事。我事先打電話給Ｊ公司負責電子系統的董事，預約了和社長面談的時間。

當天，我見到Ｊ公司的社長祕書，告知：「我和社長約好了面談。」但是，祕書從社長室回來，毫不留情地說：「社長今天無法見您。」

我完全搞不清楚發生了什麼事，傻眼地前往Ｊ公司負責系統的董事的辦公室，說明了事情原委。那位董事一臉詫異，說「總之，我了解狀況之後再向你報告，你今天先回去」，於是我離開了Ｊ公司。

Ｊ公司是前一年，從其他公司的系統換成ＩＢＭ系統的客戶。前一年我們業務部的銷售額當中，Ｊ公司的案件占了最高的比例。我從一開始就接觸Ｊ公司的社長，就是在他的一聲令下，簽定了合約。

前一年底，我在年底拜訪Ｊ公司，對話的氣氛始終十分和睦，告辭時，Ｊ公司的社長甚至走到電梯前面目送我。

隔天，Ｊ公司那位負責系統的董事來電。原來Ｊ公司的社長之所以拒絕會面，是因為去年底之後，我一次也沒到社長身邊露面，他對此感到憤怒。

其實我每個月都會到負責系統的董事身邊拜訪，說明最新資訊和投資效果等。我心裡擅自認為「應該沒必要對社長也進行那樣的說明」，反而弄巧成拙。當時是Ｊ公司的社長一聲令下，和ＩＢＭ簽定了合約，他誤解認為「業務員東西賣了就一概置之不理」，內心憤憤不平。

這時，我才知道客戶帶有情緒性的「No」的重要性。**因為我滿腦子都是獲得客戶理智的「Yes」，幾乎沒有考慮到可能遭受客戶感性的「No」。**

我拜託負責系統的董事，替我傳達「其實我每個月拜訪，努力解決J公司的課題」，姑且讓社長息怒了。

受到這個教訓之後，我以每年兩次的頻率，特別拜訪J公司向社長打招呼，所以J公司成了我比之前更重要的客戶。

舉例來說，客戶在抱怨時，會以帶有情緒性的「No」為優先。這種時候，業務員再怎麼理性、有禮且簡單明瞭地解釋，客戶有時候也無法接受。或許各位也都有這種經驗。

要解決客戶的抱怨，先展現誠意道歉，誠摯地接受抱怨內容很重要。然後，傳達真誠地因應的意思。

此外，必須以最快的速度道歉。因為隨著時間經過，客戶的怒火就會越燒越旺。

拜訪客戶道歉時，在見面的瞬間，開口第一句話是「非常抱歉」，然後站著深深一鞠躬。絕對不能坐在椅子上。

業務員有時候會遇見必須以「客戶的情緒和置身的狀況」為第一優先的場合，請將這一點牢記在心。

真正的業務實力在於：

接受客戶所處的狀況和情緒，讓客戶擺脫情緒性的情境，也是業務員的重要工作。

業務心法

37

讓自己配合客戶的行動和步調

當我擔任第一線的業務員時，獲得新客戶的件數總是在公司名列前茅，但相對地，輸給其他競爭公司的次數也是前幾名。我的提案件數出眾，所以相對地，在競爭中落敗的次數也相當懸殊。

落敗是家常便飯的我，會特別注意一件事。那就是**在洽商失敗時，改善「臨走之際」的氣氛**。

客戶告知不採用我的提案時，我會笑著道謝「非常謝謝您撥出這麼多寶貴的時間」，再從客戶的身邊離去。雖然心情低落，但是努力表現得開朗。之後也會定期地寄送研討會的邀請函給客戶，留意不要斷絕和該客戶之間的關係。

因為這個緣故，即使是過去我在競爭中落敗的客戶，後進們在幾年後努力提案，結果勝過其他競爭公司，上演復仇劇的案例也不少。

業務員也是人，擁有好惡的情緒。當然喜歡會簽約的客戶，有時候也會討厭在競爭中落敗，或者根本不理睬自己的客戶。

但是，既然是銷售商品或服務的業務員，無論是怎樣的客戶，我認為發現客戶的優點，努力對該客戶抱持好感很重要。

行動是映照出內心的鏡子。如果業務員的內心充滿好感，在客戶面前，自然會顯現在態度、說話方式、說話內容中。

而客戶知道業務員對自己抱持好感，才會對該業務員抱持好感。

改善和客戶之間的關係的有效方法是，讓自己配合客戶的行動和步調。

心理學中，稱人和人建立信賴關係為**「互信和諧」**。**要互信和諧，有「附和」、「反射」、「同步」這三個方法**。

附和是指業務員要變成聽眾，適度地附和，傳達「我在聽你說、理解你」，獲得客戶的信賴。

反射是配合客戶若無其事的行動，自己也做一樣的事。像鏡子似地，模仿即使客戶自己下意識表現的習慣或特徵，像是「雙臂環胸或蹺腳」、「出聲附和」、「常笑」等，能夠讓客戶感到親切。

同步是配合對方的步調。舉例來說，配合聲音大小、說話速度、對話的間隔、話題等，客戶會覺得業務員和自己分享情緒。

若以自然的形式實踐附和、反射、同步，讓自己配合客戶的行動或步調，訴諸客戶內心深處的「感性」，就能和客戶之間建立良好的關係。

說到這個，**我在前往洽商之前，會在客戶的公司入口或大廳，從鼻子吸氣，一面深呼吸，一面唸誦「我要喜歡接下來見面的客戶」，做好心理準備。**

這在洽商時非常有效，請務必實踐。

真正的業務實力在於：

要使用附和、反射、同步這三個方法，向客戶傳達自己的好感。

業務心法

38

和客戶一起思考投資效果的具體數字

據說在美國的二手車市場，把從外觀看不出品質差的車稱為「檸檬」。雖然眾說紛紜，但據說是因為檸檬的皮厚，從外觀看不出其品質，所以才會這麼說。

相反地，據說他們稱優良車為「桃子」。應該是因為桃子的皮薄，從外觀就能夠清楚看出其品質。

在二手車市場，因為買家和賣家沒有擁有對等的資訊，所以會產生「資訊的不對稱性」。也就是說，購買二手車時，會發生「被檸檬騙」這種風險。

我想，業務的工作該像賣桃子，而不是像賣檸檬。讓客戶明白商品或服務的品質，看得見購買後的「效果」很重要。

在法人業務中，**客戶決定購買時的重點是「如果支付多少，能夠獲利多少」這種「投資效果」**。

因此，客戶不會購買「不會獲利」的商品或服務，縱然錯買了，遲早也會解約或退貨。

在此，請試著思考「投資效果」。

舉例來說，許多日本企業會在二月決定公司的年度預算，分配給各事業部門。也就是說，投資效果的「投資」是由數字決定。

相對地，投資效果的「效果」也跟「投資」一樣，若不以數字具體地顯示，客戶就不會知道「是否獲利」。

也就是說，「投資」和「效果」都化為數字，客戶才能判斷是否購買。

法人業務員的工作是**和客戶一起思考「效果」的具體數字**。效果有很多種，像是削減經費、提升員工的產能、提升銷售額或利益等。而舉例來說，像是「增加1億日圓的銷售額和削減２千萬日圓的經費」這樣，要以具體的數字下結論。

接著，簡單明瞭地向客戶說明效果的數字是怎麼來的。

為了提出實在的根據，必須請過去購買的客戶告知該商品的效果。將客戶告知的效果化為數值，逐漸累積資料。

舉例來說，若客戶是銷售額10億日圓規模以上的貴金屬、珠寶業的公司，因為不想失去任何的銷售機會，所以商品的庫存金額經常高於銷售金額。

商品是向銀行貸款進貨，所以會產生要還銀行的利息。如果你能夠以數值提議可以削減庫存的方法，光是還銀行的利息減少，就會產生「投資效果」，所以客戶應該會接受該提案。

此外，飯店的主要商品是客房，如果有空房，銷售額就不會增加。因此，如果你能夠提出「同業的A飯店採用這個提案，減少空房率20%，提升利益10%」這個數值，客戶應該就會接受該提案。

附帶一提的是，**如果能夠以數值一併出示客戶沒有採用自己的提案可能面臨的風險，說服力會進一步增加。**舉例來說，像是「如果不採用這個提案，今後顧客滿意度會降低20％，產能降低30％」這種感覺。

真正的業務實力在於：

客戶總是在思考投資效果，以具體數值讓「效果」變得「看得見」，決定購買率會驚人地提高。

業務心法

39

預算、裁決者、必要性、購買時間關鍵四點判斷賣出商品的機率

業務員尋求的專業技巧，應該是關於「如何說服客戶」的方法。

如果有讓滿口「不需要」的客戶，改口說「賣給我！」這種魔法一般的技巧，所有的業務員一定想學。放眼世上，充斥著「只要做到這一點，就能不斷賣出商品」這種業務專業技巧的內容。像是光憑第一印象就能賣出、只要靠介紹就能賣出、只要說必殺的一句話就能賣出等……

然而，世上「只要做到這一點，絕對就能賣出」這種專業技巧，大部分既非普遍性的法則，也不是絕對的規則。

可是，有一個一定能夠說服客戶的方法。那就是：

「先看清能否賣得出去，再賣給肯買的客戶。」

無論商品或服務的品質再好，如果客戶沒有足以購買的「預算」，就不會購買。

即使你見到的負責人想購買你的商品或服務，若非「裁決者」，就無法決定。

即使商品或服務再好、有預算，而且你見到的人是裁決者，如果客戶沒有購買的「必要性」，就不會購買。

即使商品或服務的品質再好、有預算，而且你見到的人是裁決者，而且有必要性，但如果不是計劃的「購買時間」，客戶就不會購買。

因此，**業務員該掌握的是「預算」、「裁決者」、「必要性」、「購買時間」這四點**。這是看清客戶的訣竅，也能夠確認客戶多麼認真考慮購買。我取這四點的首文字，稱之為「**BANT**」。

B（Budget／預算）預算有多少

A（Authority／裁決者）你見到的人是否為裁決者

N（Needs／必要性）購買的必要性是否高

T（Time Frame／購買時間）購買時間是否決定了

舉例來說，假設你是汽車的業務員。

首先，如果有「預算」，就能購買汽車。

如果知道「裁決者」，就知道該向誰提案。

依照「必要性」，會清楚該提案哪種汽車。

依照「購買時間」，能夠推測客戶的迫切程度。

我列舉實踐ＢＡＮＴ的汽車業務員該問的事：「預算」為每個月3萬日圓。「裁決者」是該戶人家的男主人。「必要性」是希望低燃料費用的車。「購買時間」因為目前的汽車貸款再半年就結束，所以最快是半年後。

基於這些內容，會導引出「如果向男主人提案半年後，以五年貸款購買油電混合車，男主人應該會購買」這個結論。

真正的業務實力在於：

說服的真正祕訣是「賣給會買的客戶」，無論哪種洽商案件，若是確認「ＢＡＮＴ」這四點，簽約成功率就會大幅提高。

業務心法

40

社長觀察的是業務員的提案內容而不是見面的次數或時間

應該有許多書是身為頂級業務員成功的人，寫下其專業技巧而成的。但我想，幾乎沒有除了身為業務員成功之外，為購買的最終決定者——社長，也就是站在客戶的立場的人而寫的書。

我在年近40時，一度離開ＩＢＭ，創立ＩＴ創投公司，成為社長。這時，我才站在裁決者——客戶的立場。我身為社長，約三年內裁決了事業所需的商品或服務的總額10億日圓以上。

我的公司進行提供資通服務的事業，所以裁決的10億日圓中，包含下列建構和營運事業所需的內容：

- 從大型通訊公司調度全國網絡
- 決定委託因應來自客戶的詢問、申請、抱怨的公司

- 引進銷售額、應收帳款管理、薪資／人事系統等的業務系統
- 和信用卡公司合作
- 和制定事業策略的顧問公司簽約
- 決定辦公室

社長站在接受業務員提案，裁決的立場，和向客戶提案商品或服務的業務員，站在相差一百八十度的立場。

在此，我想基於親身體驗，訴說站在裁決立場的客戶感覺到的事，以及成為購買關鍵的事。

社長是比任何員工更認真思考「為了讓公司成長，該怎麼做才好」的人。

社長必須思考的事五花八門，像是為了滿足顧客的因應方式、經營策略、事業策略、預算、實績、錄用和培育人才、籌措資金、分紅派息給股東等。

社長雖然會聽取來自公司內部的提案或意見，但是最終需要裁決大部分的案件。

此外，社長和董事、員工們合作營運事業，但是不可能以自家公司維持所有事業營運，所以要獲得外部的協助。

因此，社長會積極地尋求來自公司外部的提案。

身為社長的我，見了總共超過一百名業務員，一部分是上市企業的業務員、銀行的業務員和創投企業的業務員等。

對我而言，**重要的是「該業務員的提案是否為提升自家公司價值的內容」，而不是見面的次數或時間。**

因此，雖然業務員經常想直接和社長當面說話，但是和不值得見面的業務員洽商是在浪費時間，而且坦白說，很痛苦。此外，聽到沒有內容的提案，也常常產生不信任感。

相反地，即使沒有頻繁地見面，但是會即時地透過 E-mail 等進行有價值提案的業務員，我則會數度主動聯絡，請對方陪我討論，立刻接受對方提案的內容。

不過，即使是提出再好提案的業務員，如果是從他身上看不到基本誠意的人，像是不遵守約定的時間、無法好好打招呼、隱瞞重要的事實等，我就不會再和他見面。

一間公司的社長，會想要主動見有誠意、積極地進行有內容提案的業務員。

真正的業務實力在於：

不要因為業務員單方面的方便去拜訪客戶，徹底思考如何提升客戶價值的提案才能說服客戶。

業務心法

41

說穿了，
業務的工作只是
讓「決定三件事的人」
接受而已

我如今身兼投資銷售管理顧問和創投企業的事業，以及多家企業的公司外部董事，和許多業務員一起工作。

業務是一個必須達成公司給予的銷售目標的工作。我至今也看過許多快被這個沉重的壓力壓垮的業務員，以及痛苦地在做業務工作的人。

我想對這種人說的是：

不必那麼嚴肅地思考。

如果基於正確的步驟，持續做業務三年，這是一個任誰都能獲得成果的工作。

二流或三流的業務員會把業務的工作想得很複雜。

相對地，**一流的業務員會簡單地思考業務。也就是說，業務是一個讓「決定下列三件事的人」接受的簡單工作。**

①如今是否有考慮購買的「動機」

②你提案的商品是哪裡好

③為何有購買的好處（投資效果）

上述三點當中，只要欠缺一點就不會簽約成功。

因此，遲遲無法簽約成功的情況下，要找出「客戶沒有接受這三點中的哪一點」。找出它之後，有誠意地向客戶說明，讓客戶接受。

無論任何洽商，一定都有決定的人。

因此，**請一定要在一開始，詢問客戶「由誰決定」**。

感覺這個問題有點難以對客戶啟齒，但實際上，客戶大多會爽快地告知。問或不問的小差異，會對洽商成功與否造成莫大的影響。

在不知道決定的人是誰的情況下做業務，就跟搭乘沒有指南針的船航海一樣。這麼一來，終究無法抵達簽約成功這個目的地。

知道誰是做決定的人之後，請盡早見那個人。如果能在早期階段見面，就能問出「三件事」，有效地做業務。

以上的做法無論是在銷售汽車、保險或住宅等高額商品給消費者的「B to C」，或者在法人業務的「B to B」都一樣。無論哪種商品、服務，讓「決定三件事的人」接受正是業務的本質。

業務員如果了解、執行這個本質，業績就會確實地提升。

我認為，業務是這世上最清楚呈現自己的努力成果的工作，也是這世上最能感覺到一分耕耘、一分收穫的工作。

其理由很單純，如同在本書一開頭提到的，因為業務員肩負公司給予的業績數字，具有達成它的使命。

請盡情享受業務的工作！像是從客戶手中獲得合約書那一瞬間，手舞足蹈的喜悅、拿著合約書回到辦公室時，在場的所有員工起立給予稱讚的感動、能夠以數字確認自己的成長樂趣……

真正的業務實力在於：

業務員的工作很簡單，就是能否讓「決定三件事的人」接受。

後記

「銷售商品或服務」這種業務的工作，是企業活動的生命線。

儘管如此，在企管研究所（商學院）的ＭＢＡ課程的授課科目中，卻沒有教「業務（銷售）」的專業技巧。也就是說，沒有地方能夠有系統地學習業務的專業技巧。

因為這個緣故，許多業務員以自己的方式進行業務工作，但是光靠自己的知識、經驗，成長速度遲遲沒有提升。我長年對於這件事感到心痛。

我曾為頂級業務員，至今看過數萬名業務員，將任誰都能執行的普遍性專業技巧記載於本書，希望你務必閱讀。

我至今看過的頂級業務員憨直地遵守本書中所寫的簡單習慣，持續執行，持續獲勝。

習慣是從踏出一小步開始。持續這一步，能夠真正養成習慣。這想必會成為拓展你的未來的關鍵。

本書是由かんき出版的編輯——濱村真哉先生從企劃到編輯，一手策劃所有過程，才使本書得以出版。我非常感謝。

我至今從許多客戶身上學習到了許多事，從遞名片的方式、打招呼的方式等商務禮儀，到發現客戶的課題或問題、制定其解決方案等業務技能，乃至於了解市場或業界，執行策略的行銷技能等。我真的很感謝客戶。

此外，我也從各位商務夥伴和日本ＩＢＭ股份有限公司的主管、資深業務前輩、同事、後進身上學到了很多。謝謝你們。

撰寫本書是因為獲得 smartline 股份有限公司的各位客戶和夥伴的協助，才得以實現。謝謝你們。

我希望讓許多工作者覺得「業務是一個很棒的工作」。

若是每天重視這些小習慣，各位一定也能一直持續獲勝。

高野孝之

做頂尖業務,不需要什麼特殊才能! / 高野孝之著 ; 張智淵譯.
-- 二版. -- 臺北市 : 八方出版股份有限公司, 2021.05
面 ;　公分. -- (How ; 89)
譯自 : 外資系トップ営業が大切にしている6つの習慣と41の言葉
ISBN 978-986-381-226-5(平裝)

1.銷售 2.銷售員 3.職場成功法

496.5　　110007698

作者｜高野孝之
譯者｜張智淵
編輯｜江蕙馨、蕭彥伶、洪季楨
封面設計｜王舒玗
總編輯｜賴巧凌
發行人｜林建仲
出版發行｜八方出版股份有限公司
地址｜台北市中山區長安東路二段171號3樓3室
電話｜(02) 2777-3682
傳真｜(02) 2777-3672
總經銷｜聯合發行股份有限公司
地址｜新北市新店區寶橋路235巷6弄6號2樓
電話｜(02) 2917-8022
傳真｜(02) 2915-6275
劃撥帳戶｜八方出版股份有限公司
劃撥帳號｜19809050
定價｜新台幣 320 元

二版1刷　2021 年 6月